博碩文化

Testing Web API

從設計到實作測試策略
交付高品質的API

Mark Winteringham 著

詹喬智（George Chan） 譯

發現缺陷、提高品質、完美交付！
軟體 QA、測試工程師、開發老手必讀

- 從無到有打造測試自動化套件
- 使用 Pact 進行契約測試
- 提供 Java 程式範例解說
- 本書附錄提供 API 沙盒安裝教學

本書提供
API 沙盒
下載

Testing
Web APIs
從設計到實作測試策略
交付高品質的API

Mark Winteringham 著
詹喬智（George Chan）譯

發現缺陷、提高品質、完美交付！
軟體 QA、測試工程師、開發老手必讀

- 從無到有打造測試自動化套件
- 使用 Pact 進行契約測試
- 提供 Java 程式範例解說
- 本書附錄提供 API 沙盒安裝教學

本書提供
API 沙盒
下載

本書如有破損或裝訂錯誤，請寄回本公司更換

作　　者：Mark Winteringham
譯　　者：詹喬智（George Chan）
責任編輯：偕詩敏

董 事 長：陳來勝
總 編 輯：陳錦輝

出　　版：博碩文化股份有限公司
地　　址：221 新北市汐止區新台五路一段 112 號 10 樓 A 棟
　　　　　電話 (02) 2696-2869　傳真 (02) 2696-2867

發　　行：博碩文化股份有限公司
郵撥帳號：17484299　戶名：博碩文化股份有限公司
博碩網站：http://www.drmaster.com.tw
讀者服務信箱：dr26962869@gmail.com
訂購服務專線：(02) 2696-2869 分機 238、519
（週一至週五 09:30 ～ 12:00；13:30 ～ 17:00）

版　　次：2023 年 5 月初版一刷

建議零售價：新台幣 650 元
Ｉ Ｓ Ｂ Ｎ：978-626-333-454-0
律師顧問：鳴權法律事務所 陳曉鳴律師

國家圖書館出版品預行編目資料

Testing Web APIs：從設計到實作測試策略，交付高
品質的 API / Mark Winteringham 著；詹喬智 (George
Chan) 譯 . -- 新北市：博碩文化股份有限公司，
2023.05　面；　公分
譯自：Testing Web APIs.
ISBN 978-626-333-454-0（平裝）

1.CST: 網頁設計 2.CST: 電腦程式設計

312.1695　　　　　　　　　　　　112005250

Printed in Taiwan

博碩粉絲團　歡迎團體訂購，另有優惠，請洽服務專線
(02) 2696-2869 分機 238、519

給 Steph：我保證我現在會完成廚房的裝潢。

推薦序

從測試 API 角度而言，本書涵蓋的內容絕對比你想像的還要豐富。它將 API 測試作為一個整體、基於風險的測試策略的一環。Mark 透過一系列實用的視覺化模型引導你，提出問題讓你思考，讓你參與其中，而不是在一旁觀看。

在深入介紹細節之前，Mark 用了一整章的內容來描述「為什麼我們要測試」以及如何辨識不同類型的風險。接著再深入介紹主題內容——將風險和品質特性進行比對，以及它們如何與測試策略相關。

為了讓你充分運用本書，Mark 列出了一些必備條件。熟悉程式碼、HTTP 以及各種開發和測試工具的從業人員，將學到很好的工具和技術以了解他們的 API 行為的所有面向。然而，這本書也適合那些可能不具備所有必備知識的人。第一次通讀會給你帶來啟發，並促使你在第二次通讀時嘗試跟著書中小練習的指引來實作。

書中的許多例子以及練習都是來自於一個模仿真實產品的應用程式專案。你可以開始探索和學習這個產品、它的商業領域、歷史和現有的程式錯誤——就像探索現實生活中的產品一樣。你甚至可以使用產品的使用者介面來進一步熟悉它。

我們喜愛這本書協助人們完整進行 API 測試的方式。根據品質展開對話，並且取得共識來建立一個策略來實現想要的品質水準，然後與不同的利害關係人和專業進行協作。正如他在第四章所寫的：

> 一個好的測試策略是具有全面性的策略，它關注風險可能滲入之處。

我們也喜歡 Mark 在思考所有重要的 API 測試策略時，對於探索性測試和自動化測試秉持同等的重視。他對兩者都抱持非常務實的態度，列出利弊並使用具體的例子討論，同時強調每個團隊都有自己的背景。我們喜歡這本書的另一點，就是它不斷地提醒你使用實體或虛擬白板，然後將所討論的東西以視覺化方式呈現出來。

這本書可以引導你從策略到實作，為你的環境進行規劃。最後五章則對進階的 API 自動化有非常具體的描述，內容既廣又深，涵蓋了契約測試、Web API 的效能測試、安全測試和正式環境中的測試。你可以選擇想要先了解的主題來進行閱讀。

其中一個我們最愛並且在本書中廣泛使用的模型，是根據 James Lyndsay 建立的模型。它是一個文氏圖，說明兩個層面：想像——我們在產品中想要什麼；以及實作——我們在產品中擁有什麼。它可以幫助我們思考一些問題，比如「誰會使用這個 API 回應」和「如果我按了一千次增加鈕會怎麼樣？」這是本書幫助我們「跳出框架」來思考的眾多方式之一。

隨著越來越多的應用程式使用微服務與雲端，API 的使用量也不斷增長。使用本書中的技術和模型將協助你產生高品質與可靠的 API。這些模型和技術也可以用來幫助許多其他類型的測試。閱讀這本書，你將能強化自己的測試技巧基礎。

—— **Janet Gregory**

顧問、作家、演說家、Dragonfire Inc.

與 Lisa Crispin 共同創立 The Agile Testing Fellowship

—— **Lisa Crispin**

測試顧問、作家

與 Janet Gregory 共同創立 The Agile Testing Fellowship

前言

我一直覺得自己第一次進行 API 測試時，已經比別人慢了一步。當時 SaaS 正流行，微服務也開始受到重視。我曾看到團隊中的開發人員成功地進行自動化 API 測試，但就我而言，直到我有幸與 Upesh 合作，才開始了我的 API 測試之旅。謝謝 Upesh ！

然而當我的測試技術逐漸成熟，並開始經由線上課程和實體的培訓來分享我的知識時，很明顯地，許多人還沒有開始這趟旅程，或者他們已經開始了，但是希望能學到更多。這就是我撰寫此書的動機，創造一個廣闊的視野，讓我們可以測試 Web API 並了解它們的工作原理。

當我第一次開始教別人 API 測試時，我的重點是幫助測試工程師理解和利用 HTTP 的力量來讓他們能測試得更快、更深入。但是，當我發展更多教材並開始寫這本書時，我開始意識到還有很多東西需要介紹。這就是為什麼在本書中，我們將探索一系列活動，這些活動可以在涵蓋軟體開發生命週期的 Web API 中發揮功用——從編寫第一行程式碼之前提出問題，到建立複雜的自動化，為我們提供有價值的反饋。

我希望在本書中與你探索這些活動來幫助你自由選擇適合的工具，這樣無論你的背景和角色為何，都成為更好的 API 測試工程師。

致謝

我首先要感謝那些積極幫助我完成這本書的人：我的編輯 Christina Taylor，
她在我再次做同家庭主夫的休息期間仍對我很有耐心，還有 Sarah Miller，她
協助我完成了這本書，同時還要感謝 Manning 出版社的所有人員。我還要感
謝 Abby Bangser 與 Bill Matthews，他們抽出時間讓我分別向他們請教有關正
式環境中的測試和安全測試的問題。還要感謝我的測試自動化（*Automation
in Testing*）夥伴 Richard Bradshaw，和他多次討論可測試性和策略的議
題，為建立測試策略的章節提供了許多資訊。願我們繼續改變人們對測試
自動化的態度。最後，感謝透過 MEAP 與本書校對過程中提供回饋的所有
人：Alberto Almagro、Allen Gooch、Amit Sharad Basnak、Andres Sacco、
Andy Kirsch、Andy Wiesendanger、Anne-Laure Gaillard、Anupam Patil、
Barnaby Norman、Christopher Kardell、Daniel Cortés、Daniel Hunt、Ernesto
Bossi、Ethien Daniel Salinas Domínguez、Hawley Waldman、Henrik Jepsen、
Hugo Figueiredo、James Liu、Jaswanth Manigundan、Jeffrey M. Smith、
Jonathan Lane、Jonathan Terry、Jorge Ezequiel Bo、Ken Schwartz、Kevin
Orr、Mariyah Haris、Mark Collin、Marleny Nunez Alba、Mikael Dautrey、
Dr. Michael Piscatello、Brian Cole、Narayanan Jayaratchagan、NaveenKumar
Namachivayam、George Onofrei、Peter Sellars、Prashanth Palakollu、Rajinder
Yadav、Raúl Nicolás、Rohinton Kazak、Roman Zhuzha、Ronald Borman、
Samer Falik、Santosh Shanbhag、Shashank Polasa Venkata、Suman Bala、
Thomas Forys、Tiziano Bezzi、Vicker Leung、Vladimir Pasman、Werner

Nindl、William Ryan、Yvon Vieville 以及 Zoheb Ainapore。這些回饋非常珍貴。

我還要感謝 Lisa Crispin 和 Janet Gregory，感謝她們的善意與時間為本書寫序。還要感謝 James Lyndsay、Rob Meaney 和 Ash Winter，他們幫助我理解測試的一些重要面向，並讓我在本書中分享和擴展這些知識。

我還要感謝那些在不知不覺中幫助我完成這本書的人：Upesh Amin，多年前他抽出一個下午的時間教我 HTTP，還有 Alan Richardson，他所開授的 Marketing 101 課程開啟了我撰寫這本書的旅程。

這本書是我在測試社群的經驗結晶，所以要感謝 Ministry of Testing 的每個人，以及這些年來在各種測試社群活動中認識的許多朋友。同時，也感謝每一個曾開玩笑地問「哦，你在寫書嗎？」的人。我感謝這些免費的宣傳和激勵。

但最重要的是，我要感謝 Steph，在我瘋狂追趕所有專案的進度時一直支持我，並且在我每晚興奮地告訴她我又寫了「三頁」時，她都會耐心而有禮貌地恭喜我……如此持續了一年。

譯者序

平衡想法與實作的藝術：確保軟體品質與成效的關鍵

想法與實作之間的平衡

「我覺得我們可以做……，或是再加上……」在擔任工程師的時期，很常聽到這樣的一句話。對於這個推崇動手實作的職業來說，「試試看」成為了一種彼此之間的默契。我們也容易對實現某個功能或技術的實作感到躍躍欲試，對於工程師來說，技術的實現意味著能力的提升和專業的成就。在這個技術快速發展的時代，這種興奮和激情能使我們不斷追求成長、創新與突破。

不同於鼓勵動手實作來面對不確定性，在擔任策略設計的職位時，團隊花很多時間試著戴上不同的帽子、換不同視角來精煉提案中的每個想法。資深的顧問與策略設計工作者會讓人感受到，他所用的每個字句、一舉一動都經過難以想像的深思熟慮。在策略設計上我感受到的假設是，仔細釐清想法會比斷然行動來得更有價值。此時面對模糊性的武器，是經過多方考量後而生的精心設計與過濾的想法與論述。

儘管兩者在職涯越走越遠後，在面對更高的不確定性時，思路皆會偏向搜集數據來驗證組織的長期發展方向，然而平衡想法與實作已成過程中必備的能力。

軟體開發的測試策略價值

開始意識到測試的價值，可以回溯到數年前參與過一個醫療軟體的開發，那時法規文件明確要求「軟體確效」，請我們詳列出需要的單元測試、整合測試與 Alarms 等。過程中有兩個很大的啟發，一是軟體要確認有效，可用測試回對需求：透過早些設計測試來回對需求與使用者故事，我們能更確定最終的軟體是能解決使用者需求的；以及一開始不太可能將測試想得非常完善，必然是要透過動手並迭代出合適的 Test Cases。在那時就在思考，究竟要如何抓到其中的平衡？而這本書正是在敘述於軟體開發的脈絡下，如何透過測試來平衡想法與實作，以減輕風險並穩固產品品質。

本書作者 Mark Winteringham 從超過十年的測試經驗裡，收斂其參與過的眾多獲獎專案精華，帶領我們深入理解測試策略的價值以及制定和實施一個有效的測試策略。本書分為三個部分，第一部分主要關注我們為什麼需要測試以及如何建立測試策略，第二部分則主要介紹如何將測試活動導入我們的策略，最後的第三部分著重於擴展測試策略。

一本涵蓋「概念」案例到「實作」程式碼的測試策略指南

Mark 從實際案例出發，闡述了策略的重要性。而既然是在講平衡概念與實作的重要，書中也貼心地附上可以實作的程式碼。透過一個可以實際下載並執行的民宿專案貫穿全書，幫助讀者快速建立對測試內容（例如，需要檢查的

功能或效能）和測試對象（例如，需要測試的軟體元件或系統）的理解。並
在不同的軟體開發生命週期階段，探討了在測試 Web API 時可用的一系列測
試活動。

希望本書能帶給您在測試策略制定與實施上的豐富經驗和寶貴啟示，讓您能
更有效地應對挑戰，提升專業水平，並為團隊創造更多的價值。這不僅僅是
一本介紹測試策略的理論書籍，更是一個實踐指南，透過作者的親身經歷和
案例分析，讓讀者能夠更好地理解測試策略在實際工作中的應用。

在技術浪潮翻滾越來越快的現代，持續學習、成長和調適變化至關重要。本
書強調測試策略在確保軟體品質和開發流程順利進行中的關鍵作用。閱讀本
書，您將對測試策略有更深入的理解和掌握，為您和團隊在軟體開發領域開
創更成功的未來。在這個技術不斷變革的時代，讓測試策略的學習和實踐成
為您和團隊在軟體開發領域取得成功的關鍵因素。

最後感謝編輯 Lucy 與博碩團隊的邀請與過程中的細心，您們多次地來回「測
試」這本書、對字句的仔細鑽研並討論，才能推出超乎期待的品質。也謝謝
您願意翻開閱讀，有任何指教也歡迎回饋。祝您閱讀愉快！

詹喬智（George Chan）
組織發展引導者
前 Amazon Care 軟體工程師 / Scrum Master
前 Business Models Inc. 策略設計師

關於作者

Mark Winteringham　測試工程師、工具專家和 Ministry of Testing 營運長，提供測試專業已有十年以上的經驗，他參與過的獲獎專案有 BBC、巴克萊銀行、英國政府和湯森路透（Thomson Reuters）等科技產業。他是現代風險測試的實踐提倡者，為團隊提供測試自動化、行為驅動開發和探索性測試等技術培訓。他也是 Ministry of Testing 的共同創辦人，一個旨在提升人們對測試職涯的認識和改善測試教育的社群。

譯者簡介

詹喬智（George Chan）　熱衷於推展組織學習與個體發展的引導者。曾在 Amazon 與數間新創擔任軟體工程師與 Scrum Master，深刻認同測試對產品品質的長遠影響。熱愛從對不同領域的語言進行翻譯，以為群體釐清目標與策略，並引導對話以設計適合組織的結構與機制。聯繫信箱：chiaochihchan@gmail.com。

關於封面插圖

《*Testing Web API*》封面上的人物是 Boucbar de Siberie，或者 Siberian Shepherd（西伯利亞牧羊人），來自 Jacques Grasset de Saint-Sauveur 的作品集，出版於 1788 年。每幅插圖均以手工繪製及上色而成。

在那個時代，僅憑人們的衣著就可以知道他們居住的地方、從事的行業或地位。Manning 出版社的封面採用數世紀前地區文化的豐富多樣性，慶祝電腦產業的創造性和主動性，讓像這樣的收藏作品能再度重現。

關於此書

本書有兩個目標。第一個目標是讓你（也就是讀者）對可以針對 Web API 進行的各種不同的測試活動感到滿意。在你讀完這些章節後，你就能學會如何執行這些不同的測試活動，並了解它們能減輕哪些類型的風險及揭示哪些資訊。第二個目標是幫助你建立並溝通測試策略，成功地將你學到的不同的測試活動以適合你情境的方式結合起來。

誰應該閱讀此書

在寫這本書的時候，我精心安排了書中的每個部分和每個章節，以幫助你一步步建立起一個測試策略。不過，本著對不同情況採取不同策略的精神，我提出了一些方法，讓你能善用這本書來幫助你的測試取得成功。

無論你的動機是什麼，我都非常鼓勵你完整閱讀第一章。第二章將讓你建立一個角色扮演專案，書中所有的例子都與此有關，如果你想嘗試本書中的許多活動，你將需要這個專案。第三章是重要必讀的部分，因為它詳細探討了品質和風險，以及它們如何影響你的測試方式和內容。我堅信，要在測試中取得成功，你需要清楚了解你要解決的問題。如果你不知道問題是什麼，又要怎麼確定你選擇了正確的方法，又怎麼能衡量成功？

本書的其他部分可供你在閒暇時閱讀。我希望對某些人來說，這本書可以作為一步步建立測試策略的指南；對其他人來說，它可以作為一個方便的參考指南，在你需要時給予明確的技術、資源和技能。

建立 API 測試策略的新手

本書的結構是要帶領你經歷從沒有策略到建立、實作和執行一個成功的測試策略過程。因此，如果你不熟悉建立測試策略和（或）API 測試，那麼只需要跟著每章的內容來累積知識和技能。

加強現有的 API 測試策略

並不是每個參與專案的人都是從零開始，也許你是某個團隊的成員，希望加強現有的測試策略。在這種情況下，我建議你閱讀有關建立策略的部分，並思考它與你自己的策略之間的關係，以更好地了解有哪些部分需要補足。這個分析將幫助你決定需要哪些活動以支援你的團隊。

對特定活動感興趣

對於一些人來說，你可能想更了解如何開始特定活動，而不一定要考慮整體（例如，你可能被指派要為一個規模更廣的測試策略實作特定的測試活動）。如果這是你的動機，我建議你專注於每個測試活動的案例研究。對於一些人來說，嘗試後再來回推，更容易體會到一項活動在策略中的位置。

本書的架構路線

本書分為三大部分，一共十二章。

第一部分：建立我們的測試策略

在第一章中，我們會先著重在思考自己為什麼需要測試，為什麼理解測試的價值可以幫助啟動我們的測試策略。第二章會開始認識一個角色扮演專案，我們將在本書中使用這個專案來學習一系列的測試技術，以幫助我們快速建立對測試內容和測試對象的理解。第三章則為本書第一部分進行總結，探討如何建立測試策略所要達到的目標，這可以幫助我們確定可能要進行的測試的優先順序。

第二部分：將測試活動導入我們的策略

在第四～七章中，我們將開始探索在測試 Web API 時可用的一系列測試活動。這裡有一系列的活動可以自己嘗試，我們可以從一些例子中學習，還能透過一些案例來反思。我將這部分的章節按照常見的軟體開發生命週期來安排，從發想到實作再到維護。

最後一章會探討正式環境如何影響我們的策略，以及我們如何支援團隊以現有運作方式去實作我們的策略。然後，我們將使用這些知識來制定我們的測試活動，以形成測試策略的內容。

第三部分：擴展我們的測試策略

在本書的最後一部分，即第八章到第十二章，我們將繼續學習更多可用的不同測試活動，以及擴展我們已經了解的一些活動。需要注意的是，我們在這一部分中所提到的活動，不一定更難或需要更多的技巧。然而，它們可能需要更多的時間投入和更成熟的測試文化來建立或實作。

必備知識

本書將預設讀者已經具備了一系列技能與知識。

HTTP

為了測試 Web API，我們會需要大量地使用 HTTP，我們將詳細探討 HTTP 來襯托不同的測試理念。然而，本書並沒有 HTTP 的介紹內容。因此，這邊會預設你對 HTTP 的規則已經有一定程度的了解，如下：

- 統一資源識別碼（Uniform Resource Identifier/Locators，簡寫為 URI/URL）
- HTTP 請求方法
- HTTP 標頭
- HTTP 狀態碼
- 請求及回應的負載

Java

對於本書程式碼的部分，我選擇使用 Java，因為它在 API 開發領域中幾乎無所不在。儘管這意味著我們必須處理 Java 語法所帶來的額外程式碼，但我們所探討的例子將盡可能讓大部分的讀者都能使用。此外，這些例子包含了很多自動化程式的設計模式，而且這些方法在各種語言中也都是通用的。因此，我鼓勵你閱讀這些練習，或者動手試一試。也就是說，要進行這些練習，你應該具備以下知識：

- 函式庫
- 套件
- 類別
- 測試方法
- 斷言

其他工具

本書還將探討一系列可用於支援各種測試活動的工具。儘管你不需要事先了解這些工具，但你要先知道本書將會使用以下重要工具，以方便你可以準備 / 安裝這些必備工具。

- **DevTools**—大多數瀏覽器中都會有的擴充功能，可以協助你除錯網頁（https://developer.chrome.com/docs/devtools）。

- **Postman**—幫助你建立和測試 Web API 的工具平台（https://www.postman.com）。

- **Wireshark**—一種 HTTP 側錄工具，允許你在 API 之間攔截 HTTP 流量（https://www.wireshark.org）。

- **Swagger**—一種 API 設計與文件記錄工具，提供活動式的文件（living documentation），你可以與之互動來了解更多 Web API 的資訊（https://swagger.io）。

- **WireMock**—一個用於模擬 Web API 的工具，以增加 API 測試的可控制性（https://wiremock.org）。

- **Pact**—一個契約測試工具，用於檢查 Web API 之間的整合（https://pact.io）。

- **Apache JMeter**—用於 Web API 效能與功能測試的工具（https://jmetr.apache.org）。

在我們開始這趟旅程之前，你可以隨意研究上面的任何一種工具。

關於程式碼

本書有許多包含程式碼的例子，有些是以項目編號排列的程式，有些則是出現在內文中。在這兩種情況下，程式碼的格式都是採用 courier new 字體，以將其與一般內容進行區分。

此外，當程式碼出現在內文時，程式碼中的註解（comment）會被移除。正式的程式碼標註（annotation）會出現在程式碼片段中，用來強調重要的概念。

你可以從本書的 liveBook（線上）版本中獲得可執行的程式碼片段，網址為 https://livebook.manning.com/book/testing-web-apis。書中範例的完整程式碼可以從 Manning 網站下載，網址為：https://www.manning.com/books/testing-web-apis。

此外，本書內文還將會多次提到兩個支援儲存庫。

Restful-booker-platform

Restful-booker-platform 是我們的沙盒 API 平台，我們將針對這個平台進行不同的測試活動。這個應用程式的程式庫可以在 https://github.com/mwinteringham/restful-booker-platform 找到，本書附錄也提供了安裝說明。

API 策略資源

許多章節都有測試說明、範例程式碼和效能測試腳本等資源，可以在以下 repo 中查看各自的專案：https://github.com/mwinteringham/api-strategy-book-resources。所有的程式碼都可以在本地端執行。

liveBook 討論論壇

凡購買《*Testing Web APIs*》，均提供免費 Manning 線上閱讀平台 liveBook，並能使用 liveBook 獨有的討論功能，讓你可以在整頁或特定的章節或段落加上書籍評論、為自己做筆記、提出或回答技術問題，以及接受作者和其他使用者的協助。欲造訪論壇，請前往 https://livebook.manning.com/book/testing-web-apis/discussion。你也可以在 https://livebook.manning.com/discussion 了解更多關於 Manning 的論壇和行為規則。

Manning 對讀者的承諾是提供一個場域，讓個別讀者之間以及讀者與作者間可以進行有意義的對話。這並不包含要求作者提供任何具體參與量上的承諾，作者對論壇的貢獻是自願（並且無償）。我們建議你試著向作者提出一些有挑戰性的問題，以抓住他的注意力！只要這本書還在印刷，論壇和先前的討論檔案就可以從出版社的網站上取得。

目錄

PART 1　Web API 測試的價值 1

1　為什麼要測試 Web API 要如何測試？ 3

6 自動化 Web API 測試 121

11 安全測試.................................257

12 在正式環境中測試.........................281

Part 1

Web API 測試的價值

測試的意義是什麼？作為一本關於測試書籍的開頭，這個問題似乎有點諷刺。但是了解測試的原因和它帶來的價值，可以指引我們如何看待測試。如果我們認為測試只是按按鈕和分解東西，那麼這就是我們得到的水準。但我們必須知道測試是一系列技能、知識和活動的集合，當它們結合時，可以幫助提升我們團隊建立高品質的成果。這也是為什麼，在我們深入探討特定的測試活動之前，必須先了解好的測試所帶來的價值，以及如何在正確的時間將測試集中在正確的地方。

在第一部分中，我們將探討我們進行測試的原因，以及如何開始為我們的團隊和客戶提供真正價值的測試過程。在第一章中，我們將討論交付高品質Web API 的挑戰，以及理解如何運用測試協助解決這些挑戰。第二章將探討一些方法來開始我們的測試之旅，並建立一些我們將在整本書中使用的示範專案與練習。最後，第三章將詳細討論指引測試的兩個關鍵概念：品質與風險。

為什麼要測試 Web API 要如何測試？

本章涵蓋

- 建構複雜 API 平台的挑戰
- 測試的價值與目的
- API 測試策略是什麼，它能提供什麼協助？

我們要如何確保建構的產品品質良好，並且對終端使用者是有價值的？交付高品質的產品時，我們面臨的挑戰是那些工作中會出現的大量、複雜的行動與活動。要做出能提升產品品質的明智決策，我們必須克服其中的複雜性，並深入了解我們的系統如何運作、使用者希望從我們的產品中獲得什麼。這就是為什麼我們需要一個有價值的測試策略，來幫助我們更加了解我們要打造的東西。因此，在我們開始 API 測試之旅之前，先來反思一下為什麼軟體會這麼複雜，以及測試可以如何提供協助。

1.1 你的 Web API 怎麼了？

2013 年時，英國政府制定了一個數位策略，將每個部門都設定為「數位首選服務準則」（Digital by Default Service Standard），其中也包括了稅務海關總署（HMRC）。HMRC 的目標是將所有英國的稅收服務轉移至線上以改善服務並減少成本。

到 2017 年，HMRC 的稅收平台已有 100 多個數位服務，由五個不同的交付中心、六十個交付團隊所建立。每一個數位服務都由一個相互連接的 Web API 平台支援，而且這些 API 的數量還在增加當中。光是為了支援這些服務而建立的 API 數量就足以令人頭昏眼花。我在 2015 年加入該專案時，數位服務、團隊和交付中心的數量就有一半左右，而時至今日，該平台已有遠超過 100 個以上的 Web API。毫無疑問地，這個數量比起當時已經增加了許多，而這就點出了一個問題：如此大型又複雜的專案要如何向終端使用者提供高品質的服務？

我提到 HMRC 專案，是因為它能凸顯出兩個「層次」的複雜性，也是我們在建構 Web API 時經常會遇到的：

■ 單一 Web API 內的複雜性。

■ 許多 Web API 在同一個平台上運作時的複雜性。

了解這兩個層次的不同，我們就會開始理解為什麼我們需要測試，以及測試能提供什麼協助。

1.1.1 Web API 內的複雜性

什麼是 Web API？從這個問題開始講起，可能看起來過於簡單。但如果我們花點時間深入研究 Web API 的構成，我們不僅可以知道 Web API 是什麼，還可以發現其複雜性所在。圖 1.1 是一個房間預訂 Web API 的視覺模型圖，我們將在後面章節中對這個 API 進行測試。

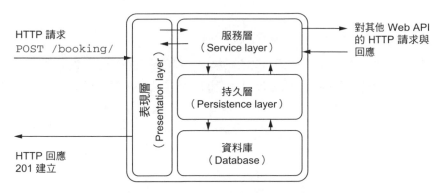

圖 1.1　這個視覺化模型描述了一個 Web API、它的元件以及運作方式

使用這張圖，我們可以看到 Web API 的運作方式是接收來自客戶端的 HTTP 請求，這些請求觸發 API 內的不同層功能來執行房間的預訂。一旦執行完成、儲存預訂，Web API 就會透過 HTTP 進行回應。但如果我們仔細探究 API，就會開始了解一個 Web API 內究竟發生了多少事。

首先，表現層接收一個預訂的 HTTP 請求，並將其轉譯成其他層可以讀取的內容。接下來，服務層接收預訂資訊並應用商業邏輯。（例如，它是不是一個有效的預訂，是否與其他預訂有衝突？）最後，如果處理過的預訂需要進行儲存，它將在持久層內進行處理，然後存在資料庫中。如果這些都成功了，每一層都必須對其他層做出回應，最後建立 HTTP 回應，讓 Web API 回傳給發送請求的人。

每一層都可以依照我們的需求和偏好來用不同的方式建立。例如，我們可以選擇使用一系列的方法來設計 Web API，例如 REST 架構模式、GraphQL 或 SOAP，這些都有自己的模式和規則，我們必須理解它們。

使用 REST 架構

在本書中，我們主要使用 REST 架構的 Web API。API 有許多不同的架構風格，但 REST 是目前使用上最為廣泛的。不過值得注意的是，儘管 GraphQL 和 SOAP 等為不同的架構，但本書探討的測試活動都能適用於這些架構類型。在本書中，我們也將會大致探討如何將學到的東西應用到任何的架構上。

服務層也包含我們的商業邏輯，根據我們的使用情境，它會有許多的自定義規則需要遵循。這種情況也會出現在持久層。每一層都有活躍於開發週期時的依賴關係。我們需要了解這些大量的資訊來幫助我們交付高品質的產品。

要了解我們的 Web API 內在進行什麼工作、這些 Web API 如何協助彼此，需要靠時間和專業知識來練習。是的，我們也許可以透過單獨的測試來讓自己對 Web API 有一定程度的理解（我也鼓勵團隊這麼做，你可以觀看 J.B.Rainsberger 的演講〈*Integrated Tests Are a Scam*〉來了解更多內容：https://youtu.be/VDfX44fZoMc），但這些知識只能為我們解惑一小部分，而不是全貌。

1.1.2 多個 Web API 帶來的複雜性

想一下前面提到擁有 100 多個 Web API 的 HMRC 平台。我們如何保持對每個 API 的運作方式與它們之間的關係的理解？使用像微服務（microservice）的架構可以幫助減少單一 Web API 的複雜性，使它們更小、更集中。但是另一方面，它們可能會導致同一個平台上有更多的 Web API。我們如何確保對 Web API 平台的了解是最新的？我們如何跟上每個 API 之間的互動，並確認它們是否依照我們預期的參數來連接？

為了建立一個高品質的產品，我們的決策必須經過充分評估，這意味著了解 Web API 的運作方式，以及 API 之間、API 與終端使用者之間的關係是至關重要的。如果我們因為缺乏相關知識而誤解系統的運作方式，使得決策沒有經過深思熟慮，產品就有可能出現問題。因此我們需要開始了解測試如何幫助我們建立與保持對 Web API 平台的理解。

1.2 測試能如何幫助我們？

如果我們要作為一個團隊在測試上取得成功，就需要對測試的目的和價值有一個共同的理解。可惜的是，人們對於測試是什麼、測試能提供什麼往往有很多誤解，所以為了幫助大家共同理解，讓我來介紹一個測試的模型，這個模型可以幫助我們更加了解測試是什麼，以及測試如何幫助我們，如圖 1.2 所示。

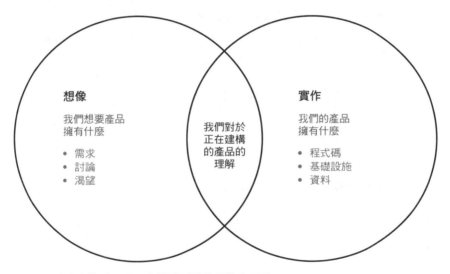

圖 1.2　測試的模型可以用來描述測試的價值和目的

這個模型是根據 James Lyndsay 在他的論文〈Why Exploration has a Place in any Strategy〉（http://mng.bz/o2vd）中所建立的模型。左邊的圓圈代表想像（Imagination），指的是我們**想要**產品擁有什麼；右邊的圓圈代表實作（Implementation），指的是我們的產品**擁有**什麼。測試的目的是透過進行測試活動，來盡可能地了解這兩個圓圈內發生的事。我們在這兩個圓圈內進行越多的測試，我們學到的東西就越多，也就越能達到以下目的：

- 發現影響品質的潛在問題。

- 將兩個圓圈的資訊疊在一起，確保我們了解正在建構什麼產品，並且能確信這是我們想要打造的產品或服務。

為了進一步研究這個問題，讓我們透過一個例子來更理解這個模型：假設某團隊正在建構一個搜尋功能，並且想要確保能打造出高品質的搜尋功能。

1.2.1 想像

想像代表了我們對產品明確與隱含的期待。在這個圓圈內，我們測試的重點是盡可能多地了解這些明確或隱含的期待。為此，我們不僅要理解書面上或口頭上的明確說明，而且還要能深入挖掘細節，消除字面和想法上的模糊之處。舉例來說，假設企業或使用者的代表（例如產品負責人，product owner）與他們的團隊分享了這個需求：「搜尋結果要按相關性排序」。

這裡分享出的明確資訊是，產品負責人想要搜尋的結果，而且想要依照相關性排序。然而，我們可以透過測試背後的想法與概念，來發現很多隱含的資訊。我們可以想出一些問題來提出，比如：

- **相關的搜尋結果**是指什麼意思？

- 與誰相關？

- 有什麼資訊是共享的？

- 我們如何按相關性排序？

- 我們應該使用哪些資料？

提出這些問題，可以讓我們更全面地了解對方想要什麼，消除我們團隊想法的誤解，並辨識出可能影響這些期望的潛在風險。如果我們對被要求要建立的東西有更多的了解，我們就更有可能在第一時間打造出正確的功能。

1.2.2　實作

透過測試想像，我們對要求建立的東西有了更清楚的認識。然而，我們光是知道要建立什麼，並不代表我們最終會得到符合這些期望的產品。這就是為什麼我們還要測試實作部分來了解以下情況：

- 產品是否符合我們的期望。

- 產品會如何不符合我們的期望。

這兩個目標是同等重要的。我們要確保打造了正確的東西，但也要考慮到副作用——例如非預期的行為、漏洞、未達到期望以及可能出現在產品中的奇怪現象，這些都會存在。以前面的搜尋結果為例，我們不僅可以測試該功能是否以相關的順序提供結果，還可以問產品：

- 如果我輸入不同的字彙來搜尋呢？

- 如果相關結果與其他搜尋工具的行為不一致怎麼辦？

- 如果我搜尋時，部分服務故障了該怎麼辦？

- 如果我在不到五秒的時間內請求了一千次，會發生什麼事？

- 如果搜尋沒有結果會發生什麼？

透過探索期望以外的部分，我們會更加了解產品內正在發生的事（無論是好或壞）。這可以確保我們不會對產品的行為做出不正確的推斷，因而發布劣質的產品。這也意味著，如果我們發現意外的行為，我們可以選擇消除或調整我們的期望。

1.2.3　測試的價值

測試想像和實作的模型展示了測試並不是只有簡單確認我們的期望，它還挑戰了我們的推斷。我們透過測試對想要建立的東西和已經建立的東西了解得越多，這兩個圓圈就越趨近一致。圓圈越一致，我們對品質的認知也會越準確。

Surprise —— 你已經在進行測試了！

因為測試的目的是了解並學習我們希望產品可以做什麼，以及它們應該如何運作，因此可以說你已經在進行測試了。在你進行的任何活動中，無論是對程式碼進行除錯、載入 API 並隨意發送一些請求，還是向客戶回覆你的 API 會如何運作等問題，你都是在學習，因此，你同時也是在測試。

這就是為什麼測試有時會被認為是一項容易執行的任務。但是，臨時且非正式的測試，跟目標與意圖明確的測試之間是有差異的。我們已經了解到產品的複雜性會使我們不知所措，只有採用具有策略性的測試方法，我們才能真正開始看到其中的差異。

一個充分了解自身工作的團隊，對於產品的品質會有更好的認識，也更有能力決定要用什麼方式來提升品質，這讓我們能夠將注意力集中在特定的風險上，修改產品以更貼近使用者的期望，或是協助決定哪些問題需要投入時間來修復、哪些問題可以忽略。這就是良好測試的價值：它讓團隊有能力做出充分考量過的決策，並讓他們為開發高品質產品所採取的步驟充滿信心。

1.2.4　做好 API 測試的策略性工作

我認為這個模型是一個描述測試目的和價值的好方法，但是它可能會有一點抽象。這個模型要如何應用在 API 測試？使用這種方法的 API 測試策略會是什麼樣子？本書的目標之一就是要教導你這些知識。為了幫助我們更好地理解這個模型，我們來看看其他專案中的 API 測試策略例子，這和前面的 HMRC 專案不一樣。

該專案是一項服務，可以讓使用者搜尋和閱讀監管文件（regulatory document），並在文件的背面建立報告的服務。該系統的大致架構如圖 1.3：

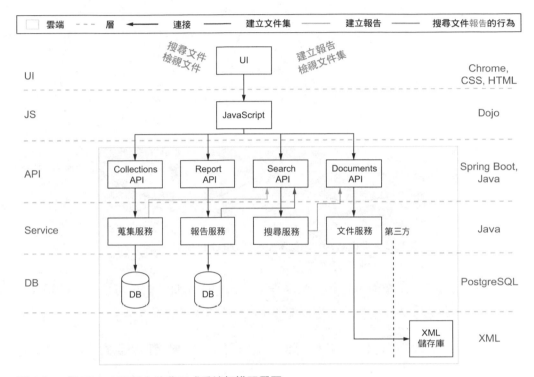

圖 1.3　一個 Web API 平台的非正式系統架構視覺圖

這裡澄清一下，這是該應用程式的精簡版本。但是它已經讓我們理解到，如果我們的任務是為 API 測試建立一個策略，我們可能會與哪些類型的應用程式合作。我們將在第二章進一步討論這個模型，不過，它向我們展示了這個應用程式是由一系列的 Web API 組成的，它們向 UI 與彼此提供服務。例如，Search API 可以被 UI 查詢，但它也可以被另一個 API 查詢，例如 Report API。那麼，現在我們有了一個範例，但要如何將我們學到的測試模型應用到這個情境呢？我們再次用圖 1.4 的模型提供最直觀的描述。

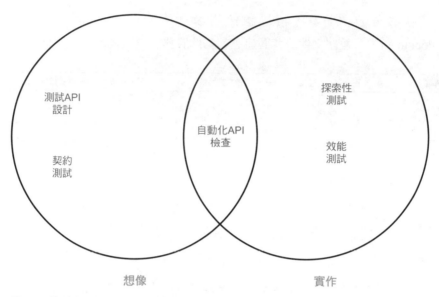

圖 1.4　將特定測試活動作為 API 測試策略一部分的測試模型

可以看到，想像與實作部分都寫滿了一系列的測試活動，可以幫助了解我們的 Web API 如何運作。在想像區塊，我們有以下的活動：

- **測試 API 設計**—讓我們對想法提出問題，並根據我們試圖解決的問題建立共同的理解。

- **契約測試**—支援團隊來確保他們的 Web API 能彼此對話，並在發生變化時正確更新。

在實作區塊，我們有以下的活動：

- **探索性測試**—能讓我們了解這些 Web API 的行為方式，並發現潛在的問題。

- **效能測試**—幫助我們更了解這些 Web API 在負載下的行為。

最後，我們有**自動化 API 檢查**，涵蓋了我們對想要建立的東西（想像）和已經建立的東西（實作）之間的重疊區域。這些檢查可以確認我們對 API 運作方式的理解是否正確，並提醒我們注意任何潛在的品質退步。

我們將在本書中深入了解前面提到的測試活動以及其他更多活動。不過，這個模型展示了不同的測試活動是如何關注我們工作的不同領域並揭示不同的資訊。它還告訴我們，一個成功的 API 測試策略所採用的方法具有全面性，它由許多不同活動的組合而成，而這些活動能幫助我們自己和團隊資訊暢通。為了建立這種策略，我們需要做以下工作：

1. **了解我們的環境及其風險**—誰是我們的使用者？他們想要什麼？我們的產品如何運作？我們要如何工作？使用者認為品質是什麼？

2. **了解我們可用的測試活動類型**—我們是否知道如何有效率地使用自動化？我們在寫程式之前，是否知道可以測試想法和 API 的設計？我們如何能從正式環境中的測試獲得價值？

3. **利用我們對於情境的知識來挑選正確的測試活動**—哪些風險對我們來說是最重要的，我們應該用什麼測試活動來減輕它們？

本書將探討這三點來提供你必要的技能和知識，以辨識並提供適合你、你的團隊與組織的測試策略。在本書後面的章節，我們將使用測試模型來先幫助我們了解哪些測試活動用在哪些地方最有效，然後建立一個適合我們的測試策略。在我們深入研究許多可用的 API 測試活動之前，先來熟悉一些可以幫助我們快速了解 Web API 平台的方法。

總結

■ Web API 包含一系列層級。每一層都在執行自己的複雜任務，而這些任務在結合起來時就會變得更加複雜。

■ 當多個 Web API 共同為一個平台上的終端使用者提供服務時，複雜性會進一步擴大。

■ 克服這種複雜性並理解它是交付高品質產品的關鍵。

■ 為了建立理解，我們需要一個更專注的測試策略。

- 我們可以把測試想成它在關注這兩個部分：想像（imagination）與實作（implementation）。

- 我們測試想像部分來更了解我們想要建立什麼，並且測試實作部分來更了解我們已經建立的東西。

- 我們對想像與實作的了解越多，兩者重疊的部分就越多，我們就越了解工作的品質。

- 測試模型可以用來顯示不同的測試活動如何在想像與實作中運作。

- 一個成功的測試策略由許多測試活動組成，這些活動會共同合作來支援團隊。

開始你的測試之旅

想像一下，這是我們在某個專案的第一天。我們加入了一個團隊，而任務是實作測試策略來幫助團隊並提升品質。我們該從哪裡開始，或者我們下一步要做什麼來推進現有的測試策略？我們想幫助團隊建立高品質的產品，但要採取的最佳行動方案會是什麼？是否有新工具、技術或活動應該採用？

這就是我們目前在本書中遇到的情況。在接下來的章節中，我們將學習不同的 Web API 測試方式，以及如何建立一個 API 測試策略，為了幫助我們學習，我們將會透過一個產品範例進行練習。就像本章開頭的想像場景，我們的任務是在不熟悉脈絡與應用程式的情況下建立一個 API 測試策略。因此在本章中，我們不僅要了解我們將在本書中測試的產品，還要了解如何開始一個成功的 API 測試策略之旅。

行前準備

在開始本章之前，我非常建議你下載並安裝沙盒 API 平台 restful-booker-platform，我們將在本章以及之後的章節使用它。你可以在本書的附錄找到安裝該應用程式的說明。

2.1　介紹我們的產品

在開始對一個新產品進行測試時，我們會容易想要立即投入測試。不過，先停下來並了解我們所負責的產品的歷史可以獲得更多價值。花時間了解我們的團隊和產品經歷的歷程，我們會獲得產品如何運作、團隊希望實現什麼，以及我們試圖為使用者解決什麼問題等資訊，這些都能幫助我們更熟悉產品的測試，並讓我們對測試策略的樣貌有初步的想法。

那正在建構中的產品呢？

雖然這一章是以我們在沒有測試策略的情況下開啟一個新專案為題，但許多人手上可能已經有進行中的專案。不過，無論我們面臨怎麼樣的情境，本章將學到的工具和技術對我們來說都是很有用的。本章是為了幫助開啟並加速你對於 API 平台如何運作的理解能力，並將這種理解傳達給其他人。

為了幫助我們理解接下來要學的東西，我們先來認識一下 restful-booker-platform，並且了解它有什麼功用、為什麼建立它，以及我們要做什麼來幫助提升它的品質。

2.1.1 認識本書的沙盒 API

為了幫助我們進入打造 API 測試策略的思維，我們想像一下 restful-booker-platform 是我們負責的一個真實產品。在我們的角色扮演中，restful-booker-platform 是為民宿業主管理網站與預訂所建立的，它具有以下功能：

■ 建立品牌來推銷民宿。

■ 新增房間的詳細資訊，以供房客預訂。

■ 使房客能夠建立房間預訂。

■ 查看預訂報告以評估可預訂時間。

■ 允許房客發送訊息來聯繫民宿接待員。

該平台最初是一個為某家民宿業主建立的業餘專案，不過後來發展得不錯，現在被許多民宿業主用來接收訂房。該專案的範圍和客群都在慢慢擴大，但最近在它發展過程中遇到了一些問題。有一些民宿業主對程式錯誤、停機時間與未正確實現的功能感到失望。我們的目標是提供一個測試策略，幫助團隊提升 restful-booker-platform 的品質，確保民宿業主和房客對產品滿意。

2.2 熟悉 restful-booker-platform

閱讀了 restful-booker-platform 的簡短歷史後，我們了解到以下內容：

■ 該應用程式是為民宿建立的，這意味著我們在設計 API 時要考慮兩種不同的使用者類型：房客與民宿業主。

■ 它包含多種不同的功能，這意味著有多種服務可能由多個 API 處理。

■ 該產品的核心是用 Java 寫的，這告訴我們進行一些自動化測試時需要使用相應的語言和工具。

但最重要的是，我們已經了解到，我們需要確立並實作一個可以幫助團隊提升產品品質的 API 測試策略。

我們可以直接用一些現有的技巧與工具，或者先向平台上的各種 Web API 發送請求，看看會發生什麼事。這可能會帶來一些價值，但這並不能真正推動我們建立有效的 API 測試策略。好的策略是要先了解策略是為了什麼而制定。如果我們不了解自己的系統是如何運作、如何實作、由誰建構、為誰建構，我們要如何辨識出適合我們策略的活動？

在倉促制定決策前，我們需要建立對產品和專案的理解。這意味著要研究各種資訊來源，並使用各種工具來幫助我們進一步了解要建立策略的產品。當我們進行研究時，必須知道研究事物是沒有優先順序的。依據我們自己的喜好或學習方式，有可能會先閱讀文件或程式碼、請團隊成員進行展示，或是嘗試操作產品。不論我們先選擇哪一種，請切記這兩件事：第一，目標是要增加我們對於要建立策略的情境的理解。意思就是我們要專注在學習，而不是把系統推向極限來找到問題（儘管有時我們會不由自主地開始尋找問題）。第二，我們應該花時間研究產品和專案的各個面向。我們學得越多，在實作策略時，我們的選擇就越清楚。然而，我們確實需要先選一個地方開始，所以我們就從產品本身開始研究。

2.2.1 對產品進行研究

因為本書的重點是實作 API 測試策略，所以我們不會把太多的注意力放在使用者介面上。然而，這並不意味著我們不能用它來幫助我們研究。我們把自己當作使用者來使用產品，可以更了解使用者需求，以及產品目前是如何解決這些需求。

小練習 ✏️

預訂一個房間，並以房客的身份聯繫民宿。同時，嘗試以民宿管理員的身份登入、新增房間、更新品牌、閱讀報告，並查看訊息。預設管理員的登入權限可以在 README 檔案中找到。你可以透過 http://localhost:8080 或 https://automationintesting.online 以造訪 restful-booker-platform，這取決於你是否在本地端執行應用程式。接著把你學到的東西記下來。

本書的 API 沙盒有使用者介面！

現在你會發現，我們的沙盒帶有一個使用者介面，因為 restful-booker-platform 也會用來進行 API 測試以外的一系列教學活動。我們接下來將透過使用者介面來證明，如果你的 API 平台有使用者介面，你可以利用它來了解應用程式是如何運作的。不過本書的範圍不包含使用者介面。如果你需要一個涵蓋 API 與使用者介面測試的測試策略，請花一點時間來研究與使用者介面相關的測試活動。

開發工具（Dev Tool）

透過使用者介面瀏覽 restful-booker-platform 可以提供一些關於該產品的初始情境，但我們的目標是使用者介面背後的 Web API。我們可以藉由使用 Google Chrome 和 Firefox 等瀏覽器的內建工具來更深入了解該產品。為了保持用詞一致，我們將這些工具統稱為開發工具，這些開發工具有 HTTP 流量監控等功能，允許我們擷取來自瀏覽器的請求和回傳的回應。然後，我們可以對這些流量進行分析，以便理解哪些 Web API 被呼叫，以及哪些內容被分享。

例如，我們來看一下 restful-booker-platform 的登入頁面。首先，打開開發工具（最快的方法是在頁面上點擊右鍵 > 選擇檢查元素），然後打開「網路」（Network）頁籤。並點擊 XHR 過濾器，然後前往 https://automationintesting.online 或 http://localhost:8080。

XHR 是 XMLHttpRequest 的縮寫，也就是在背景執行從瀏覽器發送到 API 的 HTTP 請求。這些請求可用於非同步修改使用者介面或後端資料而不用重新整理頁面。例如，對 /branding/ 的 XHR 請求可以用來更新主頁的圖片和細節，而不必進行整個頁面的重整。

網路頁籤的面板類似於圖 2.1。

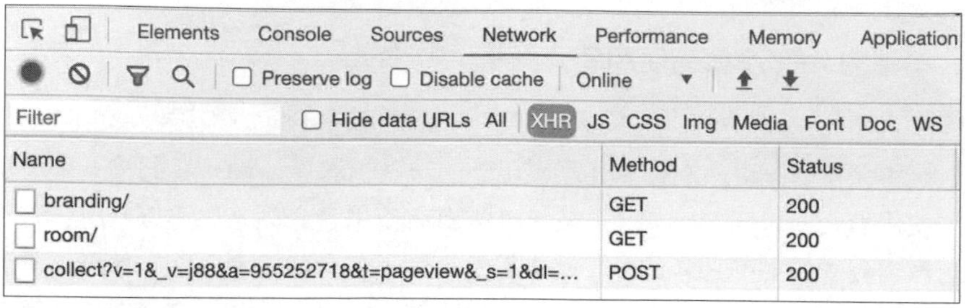

圖 2.1　呼叫主頁後，Dev Tool 的網路頁籤中會出現 HTTP 請求清單

我們可以從結果中看到，至少有兩個不同的呼叫：一個是呼叫 /branding/，另一個是呼叫 /room/。我們還可以打開每個呼叫，看到從這兩個 Web API 發送到使用者介面的特定資訊，查看哪些圖片或文字顯示在登陸頁面，並且看到哪些房間可以被預訂。這說明，打開開發工具的初步調查可以提供很多實用、可操作的資訊，我們可以在接下來的小練習中加以利用。

小練習

在查看瀏覽器和 restful-booker-platform 的 Web API 之間的流量時，也檢視一下我們在前面的練習中有提到的每個頁面。記下你觀察到的流量，也留意其中細節，例如 HTTP 請求中的 URI，它可以告訴你 restful-booker-platform 可能有哪些 Web API。看看是否有其他 API 被呼叫，以及它們的 URI 是什麼，同時也留意一下目前使用的是哪些類型的 HTTP 方法。

TIP

在每次呼叫之間清除你的歷史記錄，可以更容易看到有哪些新的呼叫。你可以在左上角的錄音圖示旁邊找到「清除」（Clear）按鈕，然後點擊進行清除。

HTTP 客戶端

現在我們已經找出使用者介面和 Web API 之間的 HTTP 流量，我們可以利用這些知識來擴展我們對每個 Web API 行為方式的理解。為了做到這一點，我們將使用 HTTP 測試客戶端——Postman。

我們可以從 https://www.postman.com/downloads/ 下載這個工具的免費版本，它包含了我們研究時需要的所有功能。如果這是你第一次使用 Postman，請確保你已經安裝了這個工具、建立了一個帳號與一個新的工作空間。一旦安裝並設置完成，我們就可以開始把在開發工具中發現的 HTTP 請求複製到 Postman 上，以便我們使用。你可以按照以下的步驟來研究其中一個 room 端點：

1. 首先重整或進入管理面板（Admin），打開 DevTools 中的「網路」（Network）頁籤檢視 HTTP 請求。

2. 接下來，右鍵點擊 /room/ 的 HTTP 請求，選擇「複製」＞「複製為 Curl」（Copy as Curl）。（如果你可以選擇要複製 Cmd 或 Bash，請選擇 Bash）。

3. 現在你的 HTTP 請求已經被複製為 Curl 請求，接著到 Postman 點擊左上角的「匯入」（Import）。

4. 一旦出現匯入彈出式視窗，選擇 Raw text 並貼上 Curl 請求，然後點擊「繼續」（Continue）＞「匯入」（Import），隨即 Postman 就會出現 HTTP 請求以供我們使用。

有了 Postman 的 HTTP 請求，我們可以修改和執行該請求，以了解更多 Web API 的行為。例如，對於 GET /room/ 端點，我們可以做以下修改：

■ 將 URI 修改為 /room/1，以發現一個顯示特定房間細節的額外端點。

■ 將 HTTP 方法改為 OPTIONS，以便在 Allow 下的回應標頭中發現可以呼叫 /room/ 的其他 HTTP 方法。（你可以點擊視窗下半部分的 Headers 頁籤來找到回應標頭）。

■ 調查請求標頭內的資訊來查看正在發送的自訂 cookie（特別是 cookie 值中出現的 token）。

我們僅僅是對 HTTP 請求做一些更改，就可以發現並理解新的資訊。請記住，我們現在並不想要進行完整詳細的測試，但藉由一些簡單的更改，我們就可以學到很多東西。

小練習 ✏️

把你用開發工具調查出來的 HTTP 請求複製到 Postman，當你在 Postman 中建立了請求，請試著修改 URI、請求本體和標頭，以更了解每個 API 中的端點和它們的行為。記住，此時的目標是學習，而不是發現程式錯誤。

作為額外練習，請研究如何在 Postman 中建立集合（Collection），並在其中加入你這次研究過的請求以便之後使用。Postman 官網上有使用集合的完整說明文件。

Proxy 工具

到目前為止，我們的研究主要集中在瀏覽器和後端 Web API 之間的流量。然而，並不是所有 API 平台的流量都在瀏覽器和後端之間，restful-booker-platform 有很多部分需要探索。我們需要擴大研究範圍來開始了解這個平台中存在多少 Web API，以及它們是如何互相對話，此時可以用 proxy 工具 Wireshark 來進行。

Wireshark 是一個進階的網路分析工具，可以根據各種網路協議嗅探流量。我們將使用 Wireshark 來監控 restful-booker-platform 上 API 之間的區域 HTTP 流量。可惜的是，由於這種技術需要存取區域流量，我們需要在本地端執行 restful-booker-platform。我們還需要從 https://www.wireshark.org/ 安裝並下載 Wireshark。

只要 Wireshark 安裝完畢，我們就可以啟動該程式，並從 Capture 清單中選擇標題有 Loopback 的專案，類似於圖 2.2 所示。

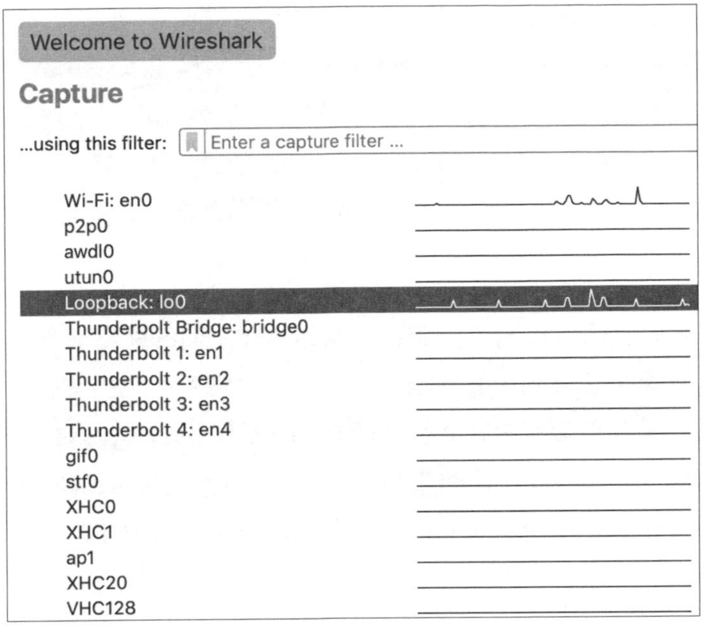

Welcome to Wireshark

Capture

...using this filter: 🔖 Enter a capture filter ...

Wi-Fi: en0
p2p0
awdl0
utun0
Loopback: lo0
Thunderbolt Bridge: bridge0
Thunderbolt 1: en1
Thunderbolt 2: en2
Thunderbolt 3: en3
Thunderbolt 4: en4
gif0
stf0
XHC0
XHC1
ap1
XHC20
VHC128

圖 2.2　在 Wireshark 中選擇我們想要的網路：Loopback

如果你在清單中沒有看到 Loopback，請檢查你的作業系統是否需要額外的權限或外掛程式。

Wireshark 的故障排除

如果你在使用 Wireshark 時遇到問題，你可能需要考慮以下幾點：

- 如果你在 Mac 上使用 Wireshark，請確保你也安裝了 ChmodBPF，這樣我們才能監聽 localhost 上的流量。你可以在這裡找到安裝的詳細說明：https://formulae.brew.sh/cask/wireshark-chmodbpf。
- 並非所有的網卡都支援內部流量監控的功能。如果你無法設置 Loopback，可以考慮上網查詢 Wireshark 是否能搭配你的網卡一起使用。

現在，Wireshark 將監測我們機器內任何發生的網路活動。一旦選擇了 Loopback 介面，我們就會開始看到 Wireshark 開始監測以來所觸發的每一個網路請求和回應的清單。你會看到清單上很快就充滿了來自不同協議（HTTP、TCP、UDP 等）的一系列網路活動。為了使我們的研究更容易，請在過濾器（filter）中輸入 http，然後按 Enter。清單會更新成只顯示 HTTP 請求和回應。

有了 Wireshark，我們可以開始監測各種 Web API 之間的網路活動。例如，我們從前面的活動中了解到，有一個 POST /room/ 端點，我們可以用它來建立一個房間。如果我們使用 HTTP 客戶端 Postman 向 room API 發送 POST /room/ 請求來建立一個房間（如圖 2.3 所示），我們會在 Wireshark 中看到向 /room/ 發出的請求和向 localhost:3004/auth/validate 發出的請求，如圖 2.4 所示。

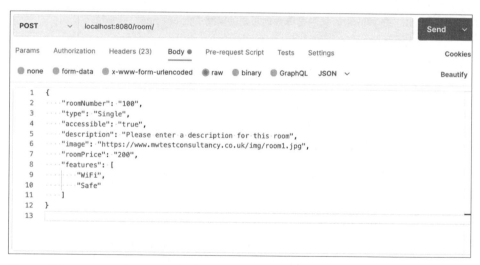

圖 2.3 使用 Postman 對 room API 發送 POST HTTP 請求，使我們可以建立一個房間

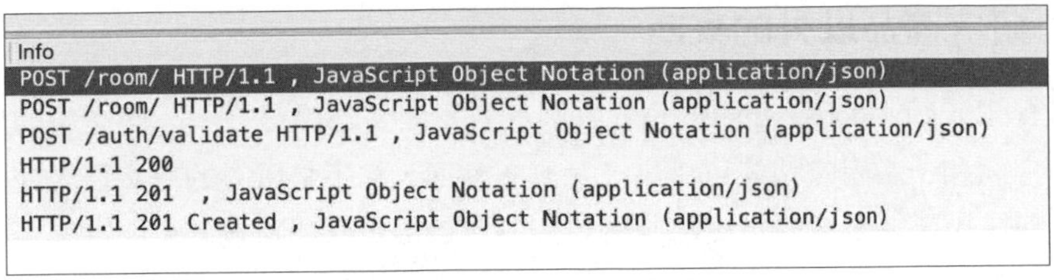

```
Info
POST /room/ HTTP/1.1 , JavaScript Object Notation (application/json)
POST /room/ HTTP/1.1 , JavaScript Object Notation (application/json)
POST /auth/validate HTTP/1.1 , JavaScript Object Notation (application/json)
HTTP/1.1 200
HTTP/1.1 201  , JavaScript Object Notation (application/json)
HTTP/1.1 201 Created , JavaScript Object Notation (application/json)
```

圖 2.4　Wireshark 擷取的 HTTP 請求例子，其中對 /room/ 的 POST 請求已反白顯示

基於這些資訊，我們可以結論出兩點：

- 有一個叫做 auth 的 Web API 正在監聽 3004 埠。

- room API 向 auth 發送請求。

這展示了像 Wireshark 這樣的工具可以幫助我們更深入地了解 API 平台上的更多細節，以及 Web API 如何互相依賴。然而，它只在你有能力監聽一台機器上的網路設備的情況下運作。如果 API 平台被部署在其他地方，而我們缺乏存取權限，就無法這樣進行了。

小練習

設置 Wireshark 來監聽本地主機流量，並顯示每個 Web API 之間發送的請求。一旦設置好，觸發你在 Postman 中擷取的各種請求，並觀察 Web API 之間觸發了哪些額外的流量。請嘗試呼叫 GET /report/，觀察 report API 向其他 API 發出的其他請求。把你發現的東西記下來，如果需要的話，更新你的 Postman 集合。

透過對 restful-booker-platform 嘗試一些簡單的活動，以及使用一些工具，我們發現 restful-booker-platform 是由提供不同功能的 Web API 集合組成，例如建立房間、整理報告和處理產品的安全性。透過對產品的研究，我們已經對產品的工作原理建立了初步了解，甚至可能已經開始思考某些策略選擇。然而，在此之前，讓我們看看一些其他值得花時間研究的資訊，以進一步擴展我們對產品的理解。

2.2.2 研究產品以外的東西

有了 restful-booker-platform，我們就有了更多的優勢——一個完整的使用者介面和一系列的功能可以進行互動。然而，並不是所有的專案都有使用者介面，也不是所有的專案都處於可以分析的完成狀態。我們可能需要考慮其他的資訊來幫助我們建立理解。幸運的是，在我們建構軟體的過程中，會擷取到更多的資料，比如文件、使用者故事和程式碼，這些都可以提供我們絕佳的指引。讓我們看看 restful-booker-platform 的一些例子，以展示我們可能學到的額外資訊的類型。

文件

儘管隨著敏捷成為交付軟體的主流方法，人們對文件的態度也有所改變，但一個專案不太可能完全沒有文件。對於很多專案來說，冗長的需求文件的時代也許已經過了，但非正式的文件，例如 Wiki、API 文件和使用者故事可以幫助我們擴展理解。

例如，對於 restful-booker-platform，我們可以從 http://mng.bz/nNna 的 README 檔案中了解更多該專案的資訊。這些資訊揭示了我們已經知道的細節，即產品在哪些版本的 Java 和 NodeJS 上執行，以及如何在本地端執行產品。但 README 檔案也會引導我們去尋找其他的文件，讓我們了解專案中的每個 API 都有自己的文件。打開程式碼中的其中一個 API 模組（之後會詳細介紹），就可以發現更多的文件，比如這裡的 README：http://mng.bz/v6g7。

這些文件可以讓你看到有關 API 如何建構、設定與執行的具體細節，以及額外的 API 技術文件。

我們將在下一章認識現代的 API 開發工具，它們提供了一系列的功能來建立豐富、互動式的 API 文件，比如在這裡的文件：http://mng.bz/44dw。打開這個文件，你不僅會發現一個整齊的清單，列出了我們可以為 room　Web API 呼叫的所有端點，而且我們還可以透過文件與它們進行互動。

例如，打開 room-controller 會顯示一個我們可以使用的請求清單。選擇 GET /room/ 則向我們展示了一個詳細的技術視圖，說明如何為端點建立一個 HTTP 請求，以及會回傳什麼回應。點擊 Try it out 按鈕，接著會看到一個 Execute 按鈕，它將為你向 Web API 發送一個示範性的請求，並向你顯示回應。這種對每個 Web API 端點如何工作的詳細說明，與建立和發送請求的能力結合，對於深入探索我們的 Web API 極具價值。透過學習文件中提供的背景資訊和指引，我們有能力用文件做出與前面有產品可研究時相同水準的研究。

最後，我們可以透過檢視專案管理工具中的使用者故事、功能文件和需求文件等工件（artifact）來更了解我們產品的歷史。這些現有的工件要如何保存，將取決於我們身為團隊的工作方式，以及我們儲存這些收集的資訊的方式。對於一些人來說，這不過就是像在 Jira 中查看已完成的工作清單；對於其他人來說，這可能會需要在舊的電子郵件中篩選信件來了解細節。但是花時間閱讀這些工件以了解更多背景是值得的，例如：

- 我們在產品分析中遺漏的潛在功能。
- 我們團隊中負責開發某個功能的人。
- 我們希望解決的問題和使用者。
- 產品在成長和變化過程中的歷程。

以 restful-booker-platform 為例，我們可以查看 GitHub 的專案看板（http://mng.bz/QvGG），發現以下內容：

- 過去影響 restful-booker-platform 的程式錯誤。
- 揭示實作細節的技術債。
- 關於每個功能預計會如何運作的使用者故事。

翻閱這些資訊時，值得注意的是我們可以學到各式各樣的東西。例如，我們可以從使用者故事中獲得更多 restful-booker-platform 功能的背景，但我們也可以從技術債中了解技術細節，例如使用了哪些資源函式庫和工具，以及我們使用了哪些資料庫。

程式碼

有些人會覺得查看程式碼來了解一個產品或平台如何運作，是最直接、最容易的方式。對其他人來說，這可能會讓他們充滿憂慮和擔心，這完全取決於我們對程式碼的經驗。如果我們習慣撰寫程式，看程式碼就會覺得很自然。如果我們不習慣寫程式，那麼這一切的陌生會讓我們感到不知所措、不願意花時間去看程式碼。不過，如果你更偏向於不習慣，你可以考慮採用一些方法讓自己更容易達成。

首先，一定要記住，我們這一章的目標是學習 restful-booker-platform。我們的重點應該是透過閱讀來理解現有的程式碼，而不是經由寫程式來提出新的想法。閱讀和編寫程式是兩個不一樣的行為。寫程式包含了理解一種語言和使用這種理解來解決問題。當我們閱讀程式碼時，我們是在對一個解決方案進行理解。與其說我們是在解決問題，不如說我們是在尋找以下東西：

- 模組（module）的名稱，例如程式庫根目錄的 API 名稱，這些名稱在程式庫的其他地方經常出現（例如 room、booking、branding 等）。

- 封包和類別的名稱，表示每個 API 內的行為。例如，room Web API 有一個叫做 AuthRequests 的類別。這個名字顯示它正在與另一個 Web API（auth）進行溝通。

- 依據我們使用的程式語言，查看對應的依賴檔案，例如 pom.xml 和 package.json，而這將告訴我們目前使用的是哪些類型的函式庫和技術。

- 描述特定方法或函式在程式碼中如何運作的程式碼註解。

這是你可以從查看程式碼中獲得一些細節的例子，這些細節不需要對 Web API 所使用的語言有深厚的知識。那麼掌握這些知識有幫助嗎？是的，有幫助。但是我們必須找到切入點來開始，因此我們可以花時間探索程式庫來培養這些技能、知識和信心。

與團隊成員交談

除非上一個團隊已經全部離開該專案，並由全新的團隊收到指派來負責，否則團隊中都會有人有過往的知識可以交談。如果還記得第一章中的測試模型，那麼我們要盡可能多了解以下內容：

- **想像**──我們想建立的
- **實作**──我們已建立的

我們可以透過與團隊交談，了解他們在專案中的洞察與經驗來進一步了解這兩個面向。

想像

到目前為止，我們所討論大部分的內容都與理解產品及其行為有關，但同樣重要的是，要理解我們的產品是為誰而建以及為了什麼而建。我們可以透過與那些在交付過程中擔任較多想像角色的人（例如產品負責人、設計師和商業分析師）交談來做到這一點。他們分享的資訊不僅能拓展我們對產品的認識，還能幫助我們制定策略。以 restful-booker-platform 為例，我們可能會了解到，網站的可靠性和正常執行時間（uptime）對民宿業主來說相當重要。了解到這一點，我們就會在策略中優先考慮能減輕可靠性風險的測試活動。我們將在下一章更深入探討這種善用對使用者和他們的問題的了解來提供策略資訊的方法。

實作

我們在前面討論了如何透過閱讀程式庫來獲得有價值的資訊。但要切記，程式庫是團隊的工作成果，團隊成員在程式庫的開發方面有豐富的經驗和知識。你可以花一點時間討論特定成員所做的工作來挖掘這些知識，也許可以透過對產品的非正式聊天、在結對的過程中觀看產品展示，或者瀏覽一下程式庫來獲取相關知識。

2.3 捕捉我們的理解

隨著我們對 Web API 平台的理解越多，有一件事也更加清楚：要學的東西很多，而我們所學到的東西又很複雜。我們可以做筆記，並試圖記住我們 API 平台的不同面向，但在某些時候，我們需要將想法連貫起來，以幫助我們理解所學並傳遞給其他人。但是，要如何做到這一點，又不會造成大量額外的文件，或者當我們放完長假回來研究時不會一團亂？我們可以建立一個產品的視覺化模型，以一種清楚簡潔的方式來捕捉我們已理解的知識，這個形式也易於更新和分享。

2.3.1 模型的力量

想像一下，你要去一個從未去過的城市拜訪一個朋友，你計劃開車前往。你會怎麼做？最有可能的方法是，你會打開一張地圖（無論是在紙上還是在應用程式中），了解朋友所在城市的方向，同時計算出開車需要多長時間以及任何可能的停留點。在這個過程中，你其實一直在使用一個模型來解決你移動時的相關問題。

在這個例子中，這個模型就是地圖，地圖展示了我們如何使用模型來理解周圍的資訊。我們使用的地圖很可能是一個凸顯主要道路和岔路的地圖，同時移除其他諸如地形、限速或交通中斷等細節。儘管顯示出的地圖並不能精準敘述我們想走的路線上的地形與環境，但它分享了確認方向所需的關鍵資訊，這就是一種設計。

你可能聽過「所有的模型都是錯的，但其中有一些是實用的」（All models are wrong, but some are useful.）這句諺語，它很巧妙地抓住了一個好模型的價值。一個好的模型會分享對我們重要的資訊，同時刪除其他對我們來說不必要的資訊。如果我們意識到模型在本質上是會出錯的，我們就可以善用這一點來發揮。我們可以建立一個模型，將其設計成放大對我們有用的特定資訊，並且忽略其他項目。例如，在我們的情境中，我們可以建立一個系統架構圖，向我們展示 API 平台的具體細節，以幫助激發與策略有關的想法，如圖 2.5 所示。

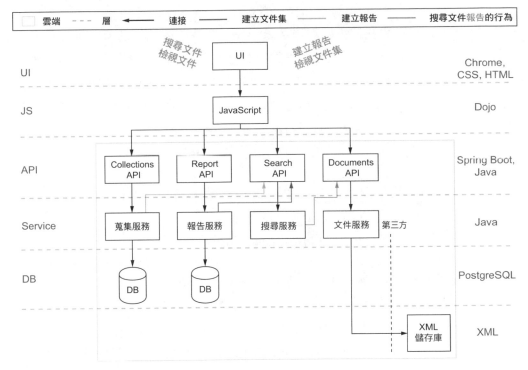

圖 2.5　一個 API 平台模型案例，展示了組成平台的不同 API 及其關係

2.3.2　建立我們自己的模型

建構系統架構圖早就不是一個新概念了。許多團隊會利用不同類型的圖表，例如循序圖、狀態圖或系統圖。但對於我們的目的，我們需要注意這些圖是能傳達特定資訊和解決特定問題的模型。我們為系統建立模型的方式將影響我們的決策。練習建立模型的目的不是要把我們所學的東西都套入現有的思維中，而是要把我們的想法寫在紙上，以幫助我們做到以下幾點：

- 理解我們目前為止所學到的東西。

- 激發測試想法並找出測試的機會。

- 徵求他人的反饋意見，這將有助於擴展我們的理解。

這種方法意味著我們可以自由地在紙上排列想法以傳達重要的資訊。

因此，為了幫助我們更好地理解這一點，讓我們開始建立一個新的 restful-booker-platform 模型，以捕捉我們目前所學到的東西。我們可以利用許多工具來為我們的產品建模，例如 Visio、Miro 和 diagram.net。在這些例子中，我們將使用 diagrams.net 來建立我們的初始模型，但你可以自行決定想使用什麼工具。也許可以用幾個工具進行試驗，或者繼續使用老方法——紙和筆作為開始。

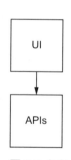

現在我們來建立模型，首先捕捉我們發現 restful-booker-platform 的資訊，它是由一個使用者介面和一個後端組成，因此我們可以繪製出如圖 2.6 的模型。

這個模型相當基礎，但是它馬上就顯示出 restful-booker-platform 有兩個主要部分，而且它們之間有關聯。然後我們了解到，我們的後端包含一些不同的 Web API，比如 room 和 auth。我們可以將模型擴展為圖 2.7 來進一步詳細描述後端。

圖 2.6 初始的模型可以幫助我們把系統分成兩個基本區域：使用者介面和後端

現在我們可以看到，restful-booker-platform 有多個 Web API 需要考慮。最後，room API 和 auth API 之間缺少了某種關聯。我們已經知道 room API 會詢問 auth API 是否可以建立房間，因此，我們可以透過再次將模型擴展為圖 2.8 來表示這一點。

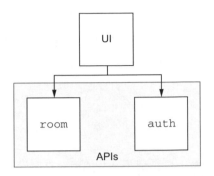

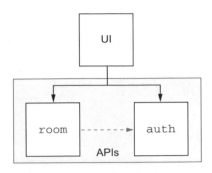

圖 2.7　經過擴展後的模型，顯示了後端是如何由多個 API 組成，而不是只有一個 API

圖 2.8　進一步再擴展的模型，顯示兩個後端 API 之間的關係

在這一小部分的 restful-booker-platform 模型中，我們已經建立一個視覺化模型，並確定了以下內容：

■ 有多個 Web API 將需要進行測試。

■ room 依賴於 auth，這代表 auth 可能在測試中佔有優先地位。

■ 我們的 Web API 需要能夠互相發送請求和接收回應。

■ 使用者介面和 API 也需要能夠互相發送資訊。

當使用新的資訊擴展模型時，很明顯的，我們會開始看到我們要解決的風險和測試的機會。

迭代模型和獲得反饋

最後要注意的一點是，這個模型是經過迭代而建立的。模型是用於向他人展示你的理解，讓他們提供反饋並與你分享知識的絕佳方式。在解釋資訊時，我們往往在腦中對事物的運作有不同的模型，這可能會導致溝通困難。當你試圖解釋在你頭腦中以特定方式組織的資訊時，另一個人正試圖將該資訊納入他們自己腦中的模型，這是一項大工程，因而可能導致誤解。透過展示一個視覺化模型，無論是當面還是透過文件，你不僅分享了你的知識，還分享了你對這些知識的解釋。這使得提供反饋的人更容易理解你的出發點，並以一種你能理解的方式形成他們的反饋。此外，它也帶來了共同的理解，因為你的模型和他們腦中的模型開始保持一致。這就是為什麼以迭代的方式建立並與他人分享模型，可以是一個非常有意義的活動。我們可以一起學習更多東西，獲得更強的共同理解。

小練習

現在我們對模型的運作原理有了更好的理解，也看到了一些如何建立自己的模型的例子，讓我們回到最初的任務：建立對 restful-booker-platform 工作原理的理解。在本書後面的部分，我們將研究一系列針對 restful-booker-platform 的不同測試活動，讓想法在整合到 API 測試策略之前，可以使用這些活動來降低風險。要做到這一點，我們需要了解 restful-booker-platform 如何運作，止如我們討論過的，最好的方法是建立一個模型來處理這個問題。

因此，在結束本章時，請花一點時間瀏覽一下我們在本章中探討的不同資訊來源。盡可能多了解 restful-booker-platform，然後嘗試將你所學到的東西整理成一個視覺化模型。至少要專注於建立一個模型，以捕捉平台中存在的各種 Web API、Web API 之間的關係，以及它們可能包含的不同端點。記住，你的模型是用來幫助你理解將要測試的東西，所以要以最適合你的方式安排你的模型。

2.4 恭喜──你正在進行測試！

完成了初步的研究，我們已經在制定一個 Web API 的測試策略。在結束本章之前，請花點時間思考一下目前為止我們所做的工作。第一章有提到，測試的目的是了解我們正在建構和我們想要建構的東西。內容也有提到，任何有助於我們了解我們要建構系統的活動，都可以被認為是測試──關鍵是帶著意圖並專注去做。

到目前為止，我們所進行的活動：用各種工具對產品進行實驗與建立視覺化模型，證明了我們不需要準備很多才能開始測試。有了一些簡單的工具，並抱持著不只是確認推斷，而是積極尋求新資訊的心態，我們可以學到很多。然而，好的測試總是易學難精。我們的研究建立了對 restfulbooker-platform 的理解，並且我們的理解也和測試目標一致。然而，我們目前進行的測試方法非常不正式，並且缺乏深思熟慮和組織。

我們可用於測試的時間總是有限，所以儘管我們在本章中所探討的內容可以作為測試的起點，但我們需要更加嚴謹和更專注的測試活動，來發掘我們團隊所需要的高價值資訊。這就是為什麼我們需要一個清晰有效的測試策略。我們會容易想直接進行那些熟悉或聽起來很新穎的測試活動，但是花一點時間制定我們的策略、要實現的目標以及實現目標的計劃，我們可以開始辨識特定環境下該有的測試活動，以支援我們的團隊打造一個高品質的產品。

總結

- 我們將使用一個名為 restful-booker-platform 的範例產品來學習測試。該產品可以在網路上使用，也可以作為一個本地端執行的應用程式。

- 在開始設計和實作我們的測試策略之前，我們需要了解我們所處的環境。透過研究我們的團隊、產品與相關的支援文件和細節來了解環境。

- 開發工具、HTTP 客戶端等等的工具可以幫助了解 API 平台和它們的工作原理。

- 我們還可以從文件和程式碼等工件、與團隊成員交談來了解我們的背景。

- 我們必須將學到的東西以連貫方式組織起來，而這可以透過模型來實現。

- 視覺化模型可以幫助我們辨識出潛在的風險和測試機會。

- 我們進行的研究就是一種測試形式，因為它可以幫助我們更理解產品和想法，但我們需要更嚴謹的測試才能成功。

3

品質與風險

本章涵蓋

- 如何用品質來為我們的策略設定目標
- 什麼是品質，以及如何定義它
- 什麼是風險，以及它們如何影響品質
- 如何用各種技術來辨識風險
- 如何透過不同的測試活動來減輕不同的風險

現在我們對 restful-booker-platform 更熟悉了，也是時候開始思考我們的策略了。更確切地說，我們需要回答以下兩個問題：

- 我們希望策略能達成什麼目標？
- 我們將如何達成我們的目標？

在開始探索特定的測試活動之前，釐清這兩個問題至關重要，這能確保我們所做的工作能夠帶來價值。如果沒有釐清，將導致測試與目標不一致，更糟的是浪費時間。正如一個日本諺語所說的，「沒有行動的願景是白日夢，沒有願景的行動是惡夢。」（Vision without action is a daydream. Action without vision is a nightmare.）我們要確保有明確的目標，這樣不僅可以開始制定策略，還可以評估策略的成功。我們在前面的章節中已經了解到，選擇一些測試活動來探索一個產品是很容易的。但是，一個成功的測試策略的重點是測試必須有目的、有方向。所以，為了回答我們的問題，我們需要以下幾點：

- 一個明確的策略目標，我們將藉由確立「使用者對品質的看法」來達成。

- 一份以風險形式進行測試的機會清單。

我們可以大致畫出一個模型來完成，如圖 3.1 所示。

策略 目標	???????
要採取 的步驟	???????

圖 3.1　理解策略的初始模型，強調了必須確立策略目標、達成策略目標要採取的步驟

在本章中，我們將探討這兩個問題，以便完成這個模型並開始對正確的測試活動進行排序。

3.1　定義品質

我們首先討論品質以及它在軟體開發背景中的意義。為此，讓我們看一個簡單的比喻。我們花一點時間來搜尋一個字句，例如「十大專輯」，打開前幾個連結來比較結果。我們很可能會看到一些風格相近及不同的專輯（當然其中也有一些真正優秀的專輯）。但有一件事非常清楚：我們對於搜尋結果的看法都不同，對於什麼是好、什麼不好，每個人都有不一樣的看法。事實上，人們在過了一段時間後，也甚至不能認同自己過去的觀點。如果我們將 2003 年《滾石》雜誌列出史上最偉大的 500 大專輯中的最後 10 張，拿來和他們 2020 年列出的名單進行比較，你會看到明顯的差異。例如，〈*Sgt Pepper's Lonely Heart Club Band*〉這首歌莫名從第 1 名降至第 24 名。明明是同樣的專輯，但也許是名單是不同的作者。這些差異表明了，時間在我們看待事物的高 / 低、品質好 / 壞方面扮演一個重要因素。

品質是一個高度主觀且流動的概念，這個定義精準地體現了這個概念：

> 品質是在某一個時間點，重要的人所重視的價值。
>
> （Quality is value to some person who matters at some point in time.）

原文是「品質是一個人重視的價值」（Quality is value to some person），這是出自於 Jerry Weinberg。這句話提醒我們人是複雜的個體、每個人有不一樣而獨特的經歷，因此對品質有不同想法。在定義品質時，我們必須理解到這一點。使用者 A 可能覺得你的產品品質很好，但使用者 B 卻可能不同意。也就是說，使用者 B 可能不是我們所在意的人，這就是為什麼 James Bach 和 Michael Bolton 在這句話後面加上了「重要的人」。我們製造的產品是為特定的人提供特定的解決方案，所以我們對品質的定義，應該受到他們的需求和他們對品質的看法所影響。我們要優先考慮那些能幫助我們持續營運下去的人。最後，我們還應該意識到，每個人對品質的看法也是取決於他們的背景，而他們的背景會隨著時間改變，這就是為什麼 David Greenlees 加上了「在某一個時間點」。一個很好的例子是「情境失能」（situational disability），也就是使用者的能力因特定情況而暫時降低。例如當使用者在家中安靜地使用像 Siri 這樣的應用程式時，與在喧囂的街道上使用時相比，他們對其品質的觀點會發生什麼變化。

意識到品質對個人來說是一個流動 / 主觀的概念，我們就可以利用它來幫助我們確定測試策略目標。深入了解品質對於使用者的意義是什麼，我們就可以利用這個知識來引導我們該測試什麼，以及不該測試什麼。

3.1.1 品質特性（Quality characteristic）

每個人都會因為過往經驗、偏見和日常生活等因素影響，而對品質的看法有些不同。那麼，我們要如何捕捉並分析這些資訊，以了解使用者對品質的看法，並將其提煉成一套明確的目標來努力？為此，我們必須取得平衡，既要獲得充足的細節，以幫助我們往正確的道路前進，又不能過於詳細，以免難以看清事情全貌。我們可以透過使用品質特性來實現此平衡。

品質特性是一種以高層次描述品質單一面向的用詞。我們可以分為以下，例如：

- 外觀與感覺（Look and feel）—如果產品的外型好看或使用感覺良好，就會被視為高品質。這種產品可能擁有精心設計的包裝和品牌，或是易於使用的流暢設計。例如，Apple 的產品可能會優先將「外觀與感覺」視為一個重要的品質特性。

- 安全性（Security）—如果產品能提供個人安全或保護，就會被視為高品質。有可能是資料獲得安全保管，或是個人能有一定程度的隱私或保護，免於受到不必要的關注。例如，一個密碼管理系統會希望讓使用者對其安全性有信心。

- 精準性（Accuracy）—如果產品能精準地處理資訊，就會被視為高品質。它可能需要處理複雜的細節並回傳正確的資訊。例如，醫生會將醫療診斷工具的診斷準確性，視為一個重要的品質特性。

可以挑選品質特性有很多，我們可以把它們結合起來，並建立一個強大的圖像來說明品質對我們的使用者代表什麼。例如，Rikard Edgren、Henrik Emilsson 和 Martin Jansson 在 Test Eye 軟體品質特性清單中詳列了 100 多個不同的品質特性，你可以前往該連結下載 PDF（http://mng.bz/XZ8v）。

透過分析使用者的反饋，我們可以用它來確定哪些品質特性對他們來說更重要，然後用這些特性來指引我們的測試策略目標，協助將工作與「交付被視為高品質的產品」更緊密地結合。例如 API 平台上的個人報稅服務的使用者，可能會優先考慮以下的品質特性：

- 直觀性（Intuitiveness）—使用者希望報稅過程盡可能地簡單。

- 準確性（Accuracy）—使用者希望它能正確地計算出稅額。

- 可用性（Availability）—使用者不希望它在報稅日出現故障。

這會形成一種這些品質特性測試的順序將優先其他測試的策略。

小練習

想一想你經常使用的產品，然後從 Test Eye 的清單中挑出一些不同的品質特性，並把它們寫下來。寫完後，依照你認為的重要程度進行排序。在使用這份清單之前，你有考慮過這些品質特性嗎？

3.1.2　了解我們的使用者

為我們的測試策略捕捉正確的品質特性，也就意味著更了解我們的使用者。我們對使用者的了解得越多，在選擇品質特性時就越精準，進而使測試更集中、更有價值。因此，在開始取得品質特性之前，我們需要花一點時間進行一系列不同的活動來了解使用者。

要注意的是，使用者研究和實驗本身就是一個比較廣泛的主題。如果你的團隊或組織中有角色負責這類工作，與他們合作來辨識品質特性，這對團隊而言是一大優勢。然而，如果組織沒有這些角色，這裡也有幾個方法可以讓你更了解你的使用者，以捕捉品質特性。

訪談使用者與利害關係人

建立對品質的理解最快速和最簡單的方法，就是直接訪問我們的使用者。不管是透過正式的訪談，或是喝杯咖啡閒聊，這些對話都會幫助我們更加理解他們認為的品質是什麼。根據個人經驗，我可以給出的一個建議是，最好要引導討論，這樣才能讓品質特性自然地浮現出來。意思就是只需要正常地進行對話，而不是要求使用者從清單中挑選品質特性。如果你提出一個清單，他們很可能會說所有的特性都一樣重要，這並沒有什麼幫助。

有些人可能會因為工作環境的原因而無法與使用者坐下交談。然而，使用者的反饋還是會從某種管道提供給你的團隊。（不然你怎麼會知道要打造什麼？）所以，如果我們不能與使用者交談，至少應該嘗試與他們的代理人或代表交談。有可能是產品負責人、商業分析師或者你組織中的其他利害關係人。透過與他們交談，不僅可以幫助你排列品質特性的優先順序，還可以向他們主張品質特性的價值，希望他們能夠與終端使用者探索這些品質的想法。

觀察線上的行為

監測使用者使用產品行為的工具已經發展得相當成熟，我們現在可以不需要直接與使用者交談，就能推斷出使用者對我們產品的需求和態度。我們可以利用從監測工具中收集到的資訊來告訴我們某些特定的品質。我們可以監測我們產品的流量，決定效能相關的品質特性是否為優先事項。或者我們可以測量功能部署後的使用者行為。例如，如果一個功能的發布導致了很高的使用者流失率，我們可以分析這個功能來了解為什麼它可能導致使用者的流失。也許是它很難用、不好看，或者功能壞掉了。從這個分析中，我們可以辨認出易用性（usability）、吸引力（attractiveness）或完整性（completeness）等特性。

如同前面提到的，這只是一些了解使用者和他們對品質看法的方法。無論我們選擇什麼方法，目標都是要進入一種模式（pattern），我們會在這種模式中積極尋找使用者想要什麼。隨著我們工作的進展，產品會不斷成長和變化，我們的使用者也是如此。這意味著我們需要定期與使用者進行溝通，了解他們對品質的看法。請為你的策略中空出時間來「調整你的路線」並與使用者交談，然後反思這些討論、更新品質特性的優先順序和測試策略的目標。

小練習

從前文提過的技巧中選擇一個來實行，看看你是否能了解產品使用者的狀況。並看看你是否能取得至少一個或兩個品質特性。

3.1.3　為我們的策略設定品質目標

一旦我們花時間從使用者那裡收集了資訊，我們就需要對其進行分析來了解那些他們認為重要的品質特性，然後將其作為我們策略的目標。例如，儘管 restful-booker-platform 的使用者是虛擬的，但我們還是可以花點時間為每個人設想一些品質特性。對於一個訂房的房客來說，可能會是以下幾點：

- 完整性—使用者希望有完整的功能，以便能發送預訂並成功訂房。

- 直觀性—使用者希望與應用程式的互動可以簡單容易。

- 穩定性—使用者不希望發生故障或訂單遺失（導致使用者抵達民宿卻沒有訂到房）。

- 隱私性—使用者希望他們的訂房細節是安全的。

而對於管理員來說，可能是這些品質特性：

- 完整性—管理員希望具備所有基本功能，以便能夠管理預訂及房間。

- 直觀性—管理員希望管理功能容易使用。

- 穩定性—管理員不希望當他們對網站進行修改時，網站發生故障。

- 可用性—管理員希望網站能　直維持運作。

我們可以看到，這兩種使用者有一些品質特性相符，有一些則沒有。接著，我們可以讓團隊坐下來決定這些特性的優先順序。例如，我們可以優先排序雙方都覺得重要的特性，其次是房客的特性（因為他們是比較大的使用者群），最後是管理員重視的特性。這個清單最終給了我們策略的目標：我們的測試策略目的是支援我們的團隊提升 restful-booker-platform 的這些品質特性：

- 直觀性

- 完整性

- 穩定性

- 隱私性

- 可用性

我們可以將這些品質特性更新到策略模型上，如圖 3.2 所示。

策略 目標	品質特性				
	直觀性 |	完整性 |	穩定性 |	隱私性 |	可用性
要採取 的步驟	???????				

圖 3.2　一個擴展後的模型，顯示了我們如何將品質特性作為策略目標的基礎

小練習

你同意這些特性嗎？把自己想像成 restful-booker-platform 的房客或管理員。你會增加或刪除哪些品質特性？寫下你的清單，並把它放在一邊。我們將在本書後面回來討論它。

3.2　辨識危害品質的風險

我們所辨識的品質特性確立了我們要達成的目標，並且幫助我們設定策略的方向。現在，我們需要思考要採取什麼步驟來提升品質。我們將會以風險來辨認出品質特性可能受到負面影響的情況。

在軟體開發中，風險（risk）簡言之就是某些可能對產品品質產生負面影響的事物。例如，風險有可能是差一錯誤（off-by-one error），導致我們接收不正確的資料。又或者是資料遭受破壞。我們處理風險時基本上就像在下賭注，因為辨識風險時，我們不知道它是否真的會出現並產生問題，或者它根本不會出現。這正是我們從測試中了解到的資訊能夠派上用場的地方。我們把測試集中在風險可能會產生影響的地方，就可以揭示資訊來決定原先辨識出的風險是否需要減輕。

風險的重點在於，我們在進行測試之前不會知道風險是否真的存在。在打造產品時，我們會在工作中發現許多風險（也會漏掉更多的風險），但我們沒有時間去測試每一個風險。因此，我們必須選擇要測試哪些風險、不測試哪些風險，這就是風險能如何指引測試策略及策略中的測試活動。我們辨識並選擇最重要的風險，並對其進行測試，打賭我們發現的其他風險對品質的影響會更小。我們將探討如何安排風險的優先順序，並立即開始制定我們的策略。但首先，讓我們先看看如何辨識風險。

3.2.1 學習辨識風險

我們可以使用一些技術來讓自己與團隊辨識風險，但辨識風險最終需要的是抱持懷疑態度。抱持懷疑可以讓我們分析自己對給定環境有哪些了解，並針對這些推斷提出問題質疑。例如，回到第一章的搜尋功能，我們可以提出以下問題：

- 我們能確定搜尋結果是相關的嗎？

- 如果搜尋的成效不如我們預期時該怎麼辦？

- 我們打算支援哪些搜尋運算子，為什麼？

提出這些類型的問題並思考可能的回答，我們就可以開始辨識風險。

懷疑並不是要對給定情況抱持否定或悲觀的態度。儘管有時候測試因為對人們所做的工作過於負面而臭名遠播，但測試的目的並不是要詆毀他人辛苦的成果，而是為了質疑我們工作周圍的未知因素，並確保這些成果不會隱藏著意外或是我們不希望發生的問題。保持懷疑是在思考事情的真相，而不是要鼓勵我們去證明某件事情的對或錯。

在辨識風險時，我們需要關注我們對這個給定情況不了解的地方，然後從該處著手，找出有什麼潛藏在這些未知領域中的風險是需要我們測試的。這可能是一個相當抽象的練習，但幸運的是，有一些不同的技術和工具可以幫助我們把注意力集中在特定領域。

3.2.2 標題遊戲（Headline game）

標題遊戲是一種用來辨識風險的方法，Elisabeth Hendrickson 也曾在《*Explore It!*》一書中（Pragmatic Bookshelf，2013 年出版）大力推廣這個方法，在書中她將其作為一種可以用來辨識探索性測試環節的方法（https://pragprog.com/titles/ehxta/explore-it/）。我們將在後面的章節介紹探索性測試（詳見第五章），但我們可以先探索標題遊戲，因為不論你想進行什麼測試活動，它都會是一個有效的分析與辨識風險工具。

標題遊戲的進行方式是，花一點時間想像一些虛構的假新聞標題，然後從標題開始回溯，辨識有可能導致每個標題存在的風險。舉例來說，我們可以為 restful-booker-platform 想出一些標題，如下：

民宿現場擠爆重複預訂的房客，令業主尷尬不已

從這個標題出發，我們可以思考可能導致這種情況的風險，例如以下情況：

■ 驗證重複預訂的功能壞掉了。

■ 存錯預訂的資料。

■ 儲存的預訂在沒有通知房客的情況下被取消。

我們用建立的標題作為觸發點，讓我們開始發現想要解決的風險。當標題遊戲結合品質特性使用，就能變成一個可以辨識我們視為重要風險的絕佳方

式。接下來將學到的風險風暴（RiskStorming）技術，同樣也可以使用品質特性作為觸發點來辨識相關的標題，進而辨識出最重要的風險類型。你可以前往連結閱讀〈The Nightmare Headline Game〉文章，以了解更全面的標題遊戲說明（http://mng.bz/J2M0）。

3.2.3 岔路測試（Oblique testing）

標題遊戲需要一定程度的想像力來發想可以挑出來討論的素材，這對一些人來說相對比較有用。幸運的是，那些不擅長這類型活動的人可以使用岔路測試等等的工具作為觸發點來開始風險分析。這是根據 Brian Eno 創造的岔路策略而來的，Eno 會使用卡片來幫助藝術家探索不同的創作路徑；而岔路測試卡片則是由 Mike Talks 創造，他利用岔路的概念來探索測試的觀點。一副岔路測試牌一共有 28 張卡片，每張卡片上都會有假的一星負評，你可以隨機挑選來刺激不同的想法。舉例來說，一張卡片上寫著：

> 我以為這會讓事情更容易！一顆星！！！

我們可以把這句話作為一個觸發點來思考我們的產品可能會引起使用者寫出類似這樣的評論。以 restful-booker-platform 為例的話，它可能會和 API 的文件完整度、API 如何提供反饋、使用者要呼叫多少次才能實現某些操作等有關。

這些卡片之所以能夠有效地幫助我們辨識風險，是因為它處在一個微妙的平衡，它既足夠具體，使我們在發現風險時能當作一個起點，但又不至於具體到我們反覆測試時，每次都產生一樣的想法。欲取得 Oblique 測試卡牌，請前往 Leanpub（https://leanpub.com/obliquetesting）。

3.2.4 風險風暴（RiskStorming）

儘管標題遊戲和岔路測試在刺激想法上很有用，但它們多少會需要基本的風險分析經驗與技巧。對於那些剛接觸風險分析的團隊來說，風險風暴可以提供一種結構化的方法來指引團隊合作以辨識風險。

風險風暴技術是根據 Beren Van Daele 創造的 TestSphere 卡牌而建立的。你可以在 Ministry of Testing 網站（https://www.ministryoftesting.com/testsphere）了解這副卡牌的資訊。由 Marcel Gehlen 和 Andrea Jensen 合作打造的風險風暴會在三個不同階段中使用 TestSphere 卡牌，指引團隊進行以下工作：

1. 辨識可能影響產品或特定功能的品質特性。

2. 辨識可能影響品質特性的風險。

3. 圍繞如何測試風險來辨識想法。

風險風暴之所以有效，是因為它的三階段結構與使用的卡牌。TestSphere 卡牌類似於岔路測試的卡牌，可以用來幫助激發關於品質和測試的想法與討論。但是，由於該牌組數量龐大且齊全（一共有 5 個類別、100 張卡，涵蓋了品質、測試技術和測試模式等主題），風險風暴提供了足夠的結構來指引團隊辨識風險，同時又不會過度限制而阻礙好想法產生。讓我們看看使用風險風暴來產生風險的案例，我們用 restful-booker-platform 來執行風險風暴的前兩個階段。

第一階段：品質

在第一階段中，我們需要從 20 張與品質相關的 TestSphere 卡片中選擇 6 張。正如我們在本章前面討論的，品質特性（在 TestSphere 卡牌中稱為品質面向，quality aspect）來自於我們對使用者的理解。我們選擇的卡片表示品質對使用者代表的意義。如果我們以 restful-booker-platform 的使用者（也就是房客與管理員）來思考，我們可以使用從 3.1.3 節中取得的品質特性：

- 直觀性

- 完整性

- 穩定性

- 隱私性

- 可用性

然後我們會從品質面向的卡中，挑選 6 張與上述特性相似或匹配的卡片（你可以透過線上免費版的風險風暴查看品質面向的卡片清單，網址：https://app.riskstormingonline.com/）：

- 使用者友善度

- 功能性

- 可用性

- 穩定性

- 商業價值能力

- 安全和權限

第二階段：風險

在選完 6 張卡片之後，我們可以思考可能影響這些品質面向卡片的風險。這個階段最棒的是，我們實際上可以引入其他風險分析技術來辨識風險。例如，如果我們想提出新的想法，就可以使用標題遊戲來思考「使用者友善度」可能會受到負面影響的方式。在這個階段，我們可以自由增加我們想要的風險，但建議要有時間限制。這樣可以幫助集中工作，並阻止辨識的風險清單變得過於冗長。記住，我們無法測試所有的東西。

對於品質面向的清單，我們將每個層面的風險數量都限制為三個。我們因而產出的風險清單如下：

- 使用者友善度

    - 對於成功的請求發送不正確的狀態碼或回應。

    - 當使用者操作錯誤時，會發送模糊或不正確的錯誤資訊。

    - 難以解讀 API 文件中有關請求的部分。

■ 功能性

- 實作新的修改時，現有的功能被破壞。

- 實作的功能與使用者的要求不一致。

- API 上的驗證沒有達到預期的效果。

■ 可用性

- 太多使用者時，API 會失效。

- 記憶體流失導致 API 失效。

- 無法在顯示有空房的日期中進行預訂。

■ 穩定性

- 平台中的 API 相互發送不正確的 HTTP 請求和回應。

- API 未能正確部署。

- 來自 API 的間歇性故障。

■ 商業價值能力

- 管理員無法更新訪客頁面的外觀和感覺。

- 管理員設定的細節不能正確儲存或分享。

- 現有的功能不符合管理員的要求。

■ 安全和權限

- 只有管理員才能使用的功能，其他人也可以使用。

- 私人資料被盜用。

- 網站可以被操縱來攻擊使用者。

這些風險變成了我們實現策略目標的步驟，也就是說，我們可以用一個簡短的風險清單來完成策略模型（我從每個部分各挑選出一個），類似於圖 3.3。

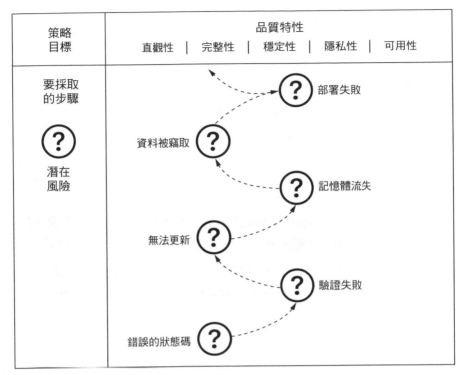

圖 3.3 一個完整的策略模型，展示了我們辨識和了解的風險如何成為實現策略目標的步驟

小練習

要測試風險風暴的運作方式，請前往 Ministry of Testing 的 RiskStorming 頁面（http://mng.bz/woeq），下載 Death Star 或 Iron Man 活動的 PDF 文件。嘗試進行風險風暴的前兩個階段，看看你能想出什麼風險。你可以使用風險風暴的線上免費版本（https://app.riskstormingonline.com/）來幫你產生風險。

以上是一些幫助我們開始辨識風險的技術，但改善風險分析的最好方法是不斷練習。就像我們需要定期重新審查我們的品質特性，我們也應該定期評估可能影響工作的風險。透過這個定期流程，我們不僅可以保持最新的測試風險清單，以便進行測試來解決風險，而且還可以提高自己辨識風險的能力。

3.3 策略的第一個步驟

確定了目標與風險，我們還剩下最後一個步驟：安排風險的優先順序。我們可以透過三個要素來決定，首先是品質特性。例如，對於 restful-booker-platform，我們將「直觀性」列為首要品質特性，我們假設是因為它是第一重要的特性而把它列在最前面。這樣我們就會想將「直觀性」相關的所有風險放在第一位。這麼做很合理，但我們也必須考慮風險的其他兩個因素：可能性（likelihood）與嚴重性（severity）。

我們會用可能性來衡量一個風險影響品質的可能性有多大。如果我們有資料顯示今天將有 80% 的降雨機率，我們可能會穿上外套。如果降雨機率只有 20%，也許就不會。另一方面，嚴重性則是衡量一個風險對我們的品質可能產生的影響有多大。如圖 3.4 所示，將兩個因素搭配使用，能幫助我們進一步確定風險的優先順序。

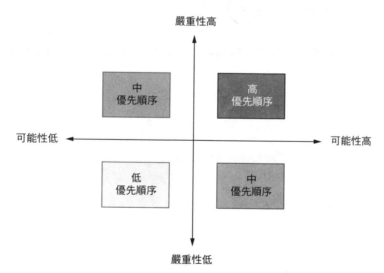

圖 3.4 排序風險的可能性與嚴重性的模型

如果一個風險的可能性與嚴重性較高，那我們需要把它視為高優先順序來處理。同樣的，如果可能性和嚴重性都很低，那麼該風險就可以放到清單後面。將它結合品質特性會更加實用。例如，假設我們有兩個風險：

- 之前的房間預訂發送了一個不清楚的錯誤訊息（直觀性）。

- 管理員無法新增可以提供預訂的房間（完整性）。

在我們的清單中，直觀性在品質特性中的優先順序高於完整性。但是，如果第二個風險有很高的可能性和嚴重性，那麼優先考慮這個風險會更合理。這是一個簡單的例子，因為可能性和嚴重性實際上不一定能用高 / 低這種二分法來衡量。重點是要記住，對風險進行排序其實就像在進行猜測一樣。我們必須盡其所能，確保我們對風險優先順序的決定是盡可能明智的，這一點我們可以透過定期重新評估我們的品質目標和相關風險來做到。

小練習

以我們在上一節中辨識出的風險為例，根據你對品質特性和產品本身的了解，嘗試將這些風險在清單中進行排序。思考一下你是如何判斷可能性與嚴重性的。是憑直覺，還是用比較正式的方法來給它們評分高、中、低呢？

3.3.1 選擇正確的方法來測試風險

我們的策略現在已經開始成形。有了目標和要關注的風險；現在我們可以開始考慮要進行什麼測試以及在哪裡進行。例如，如果我們選擇的風險是：

> 當使用者操作錯誤時發送模糊或不正確的錯誤資訊

這可能會影響品質特性中的直觀性，因此我們可能會選擇實作 API 設計測試，以確保我們回傳的錯誤資訊在設計討論中是正確或清楚易懂的。

上述只是其中一個例子，一個專案會有很多風險，需要用不同的方式解決。大多數的風險可以用一些測試活動來解決。但是，要找到每個風險適合的測試，需要對我們可以進行的測試有一定程度的熟悉。一個成功的策略會善用測試活動，這些測試活動包含了從使用自動化工具到測試抽象的概念與想法。這部分我們將在第二部分進行探討，我們將會暫時將策略放在一旁，先來了解不同的測試和它們可以協助解決的風險類型，再回到我們的策略來決定要進行哪些測試、何時測試。

總結

- 一個成功的策略需要一個目標；否則，它可能會變得沒有方向。

- 我們的策略的目標是支援提升品質。

- 「品質是在某一個時間點，重要的人所重視的價值」，這意味著我們需要花時間去了解使用者對品質的看法是什麼。

- 我們可以透過許多方式定義使用者對品質的看法，以幫助我們用品質特性來衡量它。

- 一旦我們確立了我們和使用者對品質的看法，就可以把它作為一個辨識風險的起點。

- 辨識風險需要抱持懷疑的心態，辨識未知以進行探索。

- 我們可以使用標題遊戲、岔路測試和風險風暴等技術來幫助辨識風險。

- 我們可以依據可能性和嚴重性來安排風險的優先順序。

- 一旦我們有了明確的風險清單，就可以開始定義一個合適的方法來測試每個風險。

Part 2

開始我們的測試策略

在制定測試策略時，往往會出現雞生蛋、蛋生雞的情況。我們希望在開始進行具體的測試活動之前，先花時間了解我們的工作環境（working context）。但是，想知道先執行哪些活動，我們需要了解這些活動如何進行。因此在開始制定測試策略之前，讓我們先關注一下在軟體開發生命週期之中可以利用的一些關鍵性活動，然後再學習如何將它們組織成一個可行的策略來執行。

為此，在第四章我們將介紹如何在實作 Web API 之前測試想法和設計，接著在第五章，研究探索性測試如何幫助發現我們的 Web API 真實行為。然後在第六章學習如何使用自動化測試，以支援我們的 API 測試策略。在第七章，我們將說明如何利用我們學到的測試活動來建立一個策略，以解決我們的產品所面臨的特定挑戰和風險。

測試 API 設計 4

本章涵蓋

- 透過提問技巧來測試設計和想法
- 如何讓團隊根據 API 設計來協作，以推動測試
- 編寫 API 文件以增進共同理解，並且協助測試
- 如何在測試策略中安排 API 設計的測試

假設有人正在評估我們的 restful-booker-platform API 沙盒，以確認它是不是一個他們想要用來作為民宿的應用程式。當他們開始探索時，他們發現需要呼叫 room API 來建立一個可以提供預訂的房間。當他們查閱 API 文件時，他們看到了類似於圖 4.1 的詳細資訊。

建立房間

`/room/`

HTTP method	描述
POST	建立一個訂房預約

請求參數

roomNumber	房間號碼
type	房間類型，可以是單人房、雙床雙人房、單床雙人房、家庭房或套房
accessible	設定房間是否有無障礙設施
description	設定房間的內容介紹
image	設定房間圖片的網址
roomPrice	設定房間價格
features	房間可能具備的預設特點，包含WIFI、電視、保險箱、收音機、茶點或景觀

圖 4.1　供應商網站可能會有的 API 文件範例

基於這些資訊，我們建立並發送以下 HTTP 請求，看看 API 如何回應：

```
POST /room/ HTTP/1.1
Host: automationintesting.online
Accept: application/json
Cookie: token=r76BXGVy8rlASuZB

{
    "roomNumber":100,
    "type":"Single",
    "accessible":false,
    "description":"Please enter a description for this room",
    "image":"https://www.mwtestconsultancy.co.uk/img/room1.jpg",
    "roomPrice":"100",
    "features":["WiFi"]
}
```

然而，使用者並沒有在 HTTP 回應中得到預期的房間建立，而是收到一個 500 Server Error 的訊息。這個錯誤讓他們有點沮喪，他們回到文件中，看看是不是漏掉了什麼資訊，但仍一無所獲。最後，他們判斷這個 API 沒有正確運作，於是便放棄它去尋找下一個提供者，這導致了我們業務上的損失。

是哪裡出了問題？從表面來看，會覺得是 room API 壞了。但是，如果我們近距離來觀察整個建立 POST /room 端點的決策過程，會發現這個 API 是正常運作的，而且是依照著我們的需求建立的，部署起來也沒有問題。照我們的期望來看，一切都很正常。但這就是問題出現的地方——團隊的期望。因為當我們的團隊開始開發 API 時，就已經做出了以下的設計選擇：

> 房間識別字必須是字串，因為有一些使用者會用整數以外的文字來識別房間。

我們的團隊忽略了一系列可以提出的問題：如果有人送出的是一個整數，會有什麼結果？我們應該如何處理？如果團隊願意騰出時間和空間讓人檢討這些問題，可能就會決定發送一個 400 Bad Request 的 HTTP 回應，並提供額外的資訊讓客戶知道需要使用字串。再進一步的討論可能就會發現，roomNumber 事實上是一個會讓人誤會的參數名稱，將它改名為 roomName 才會更清楚。這些額外的討論和提問很可能會讓評估的人決定是否使用我們平台有不同的結果。

這個例子表明了，我們所做的決定以及從這些決定中所做出的推斷，會影響我們建構產品的品質。更多時候，我們系統中出現的問題並不是來自於不正確的程式碼，而是諸如以下的風險：

- 誤解了使用者需求
- 做出不正確的推斷
- 違反了架構指導原則

忽視這些風險會導致團隊在交付產品時，其行為不符合使用者的期望或要求，進而對團隊動力產生負面影響，或是軟體出現意外的錯誤或漏洞。打造

高品質產品，有一部分意味著確保每個人都對需要建構的東西有一個明確和
共同的理解。這就是為什麼在這一章中，我們要來學習如何善用測試方法，
從一開始就對設計和想法提出質疑，以消除誤解、發現潛在的問題，並協助
提升產品的品質。

4.1 我們要如何對 API 的設計進行測試

與測試一個應用程式不同，測試 API 設計意味著使用測試來分析一些較為不
具體的東西，例如想法、文件和視覺化項目。在編寫程式碼之前，一個團隊
最好能一起討論他們需要解決的問題或功能，針對要進行的工作達成某種設
計或共識。正是在這些討論中，我們可以傾聽、學習和分析所提出的建議，
以幫助團隊建立共同的理解，並及早發現問題。

4.1.1 提問工具

在測試 API 設計時，關鍵的挑戰就是學會如何在正確的時間提出正確的問
題。儘管這需要時間和實踐來熟練掌握，但幸運的是，我們可以使用一些技
巧來幫助我們立即開始提問。

其中一個常見的技巧是「5W1H」，這是一個簡單的口訣，可以幫助我們記住
提問的六個關鍵字。透過這六個關鍵字可以激發出不同類型的問題：

- 是誰（Who）
- 是什麼（What）
- 在哪裡（Where）
- 何時（When）
- 為什麼（Why）
- 如何做（How）

這個技術的使用方法，就是在六個關鍵字中挑選一個關鍵字來發問，假設你選了「什麼」（What），並把它作為一個觸發點，看看你能擴展出哪些問題，例如：

■ 如果使用者沒有經過授權，會發生什麼事？

■ 如果我們所依賴的 API 不管用了，我們打算做什麼？

■ 我們會發送什麼訊息？

5W1H 的關鍵字順序並不代表它們的優先等級或使用順序。但是，裡面的每個關鍵字可以讓你以不同的方式探索想法。透過使用 5W1H 技巧，我們可以快速準備好我們可能提出的問題，當我們聆聽他人分享的設計時，它可以幫助我們透過批判性思考來深入挖掘，或者激發水平思考來探索不同的想法。

為了幫助我們更容易理解提問的力量，以下我們將測試一個策劃好的 API 設計。該設計的重點是放在 /room/ 端點，它是沙盒中 room API 的一部分。在我們的角色扮演中，團隊成員扮演使用者，提出了以下的使用者故事：

> 為了能讓客人預訂房間
>
> 作為一個民宿的老闆
>
> 我希望有能力建立一個新房間

該團隊針對如何設計 room API 的請求和回應提出了以下細節：

請求

```
POST /room/ HTTP/1.1
Host: example.com
Accept: application/json
Cookie: token=abc123

{
    "roomName": "102",
    "type": "Double",
    "accessible": "true",
    "description": "This is a description for the room",
```

```
    "image": "/img/room1.jpg",
    "roomPrice": 200,
    "features": ["TV", "Safe"]
}
```

回應

```
HTTP/1.1 201 OK
Content-Type: application/json

{
    "roomid": 3,
    "roomName": 102,
    "type": "Double",
    "accessible": true,
    "image": "/img/room1.jpg",
    "description": "This is a description for the room",
    "features": ["TV", "Safe"],
    "roomPrice": 200
}
```

根據我們得到的這些資訊，我們用 5W1H 來了解我們的設計選擇，並找出潛在的問題。

WHO

WHO 問題可以幫助我們了解與 API 互動的人或系統。我們對於誰使用我們的 API 了解得越多，我們就越理解他們的需求，以及我們如何為他們提供價值。這類型的問題可能包括：

- **誰將會使用它？** 透過這個問題，我們會更加了解是誰或什麼會使用我們前面討論的 /room/ 端點。我們可能會發現，另一個 API 或 UI 函式庫會使用我們的回應，或者被個人使用。我們所得知的資訊也會影響到其他要問的問題。例如，如果是另一個 API 在使用 /room/，我可能會問更多技術或基於架構的問題。

- **誰應該有存取權限？** 在這個活動中，我們也可以思考資安風險問題。例如在 API 設計中，存在一個帶有 token 的 Cookie 標頭，那麼我們可能就會想要了解這個 token 的相關安全控制（security control）。雖然這是一個淺層的資安問題（我們將在第九章深入探討安全測試），但是這個問題的答案可能會讓我們更深入了解我們如何保護 API，並探索可能導致漏洞的風險。

WHAT

WHAT 問題可以用於假設情境，「如果 X 發生了會怎麼樣？」（What if X happens?）。這些問題有助於水平思考，提出我們還沒有想到的情境。一種善用 WHAT 提問的做法是，在已知資訊上透過 WHAT 來推進我們的思考。例如以下「WHAT」的提問範例：

- **如果我們送出錯誤的訊息時，會發生什麼事？**　這個問題讓人想起我們本章開頭探討的範例。不是所有的假設性問題都會有正面的結果，我們也需要注意如何處理負面的結果。至少，我們可能要討論如何將對系統造成的損害降到最低。但考慮到我們的情境是 API，我們可能會想討論如何用清晰易懂的方式提供錯誤訊息的反饋。

- **負載（payload）會用什麼格式傳送，為什麼？**　這裡我們一樣著重於探索可能已經作出的技術決策。單獨提出「負載會用什麼格式傳送」問題可能會得到一個簡單的回應—— JSON。但在句尾加上一個「為什麼」，可以要求得到更深入的解釋。我們可能會發現，我們對「誰」可能會使用這項服務已經做了一些假設。

WHERE

WHERE 問題可以用來擴展我們的視野，我們可以用它們來發現潛在的依賴關係（dependency），並進一步了解我們的設計選擇會對潛在消費者產生什麼影響。例如，你可以這樣問：

- **這個房間的資料將儲存在哪裡？**　像這樣的問題可以幫助揭示實作上的細節，以及資料可能存在的地方。這可能會引發我們探討我們要決定的實作方式要如何符合所需的架構條件。舉例來說，如果我們的架構是微服務（microservice），這是不是意味著我們需要建立一個新的 API？

■ **這個房間將在哪裡使用？** 這個問題與前面的「誰將會使用它」稍微不同，它試圖了解我們所做的設計選擇，是如何融入範圍更大的平台或功能中。了解某事物將在哪裡使用，可以幫助揭示新的使用者或 API。

WHEN

WHEN 問題能讓我們關注時間，它可以幫助我們辨識出與未來相關的問題，例如可能會發生的事件，以及這些事件期間內可能會發生什麼。例如：

■ **當我們更改 API 的契約時，我們是否將對 URI 進行改版？** 當我們思考如何解決一個特定的問題時，必須考慮到解決方案的長期未來。它會如何隨著時間發生變化，我們修改的頻率會是多少？什麼會導致它的變化？我們將如何處理這些變化？詢問版本相關的問題不僅影響 API 的設計，也影響著我們會如何記錄我們的更改以及和他人分享這些更改。

■ **當 API 上線時，我們是否要對請求進行快取（Cache）？** 這個問題中，有趣的是第一個部分「當 API 上線時……」，這裡我們可以善用我們對發布過程與正式環境的了解來提問。這可以幫助我們識別出需要額外考量的事情，以確保我們的設計與我們平台中現有的規則和模式一致。例如，這個問題是在揭示我們是否要進行快取。如果答案為「是」，這可能會對我們的設計有所影響（例如，確保在 URI 中不使用隨機變數，因為可能會違反快取規則）。

WHY

WHY 問題允許我們深入探討決策背後的期望和意義。它可以幫助我們提問我們目前所做的工作之價值，並幫助我們向其他人解釋我們的決策過程。可能的例子如下：

■ **為什麼我們要建構它？** 這個問題也許看似矛盾，但它仍然是一個重要的提問。如果我們要把時間和金錢投入這些功能，我們最好知道這些工作的價值是什麼。像這樣的問題可以幫助我們理解終端使用者，並與使用者產生共鳴。我們從這類型的問題中探索出的任何答案，將會為使用者可能面臨的問題提供更多細節，進而幫助我們在解決問題時，做出明智的決策。

■ **為什麼我們選擇用陣列來條列功能？** 這類型的提問更側重於設計上的選擇。為什麼要把功能放在一個陣列中？如果是一系列固定的功能，為什麼不為子物件（sub-object）設置參數？我們的目標並不是要批評已經做出的決定，而是要探索替代方案，理解已經做出的決定。

HOW

最後，HOW 問題幫助我們了解某件事如何進行或是我們需要考慮的任務，以成功交付我們的工作。HOW 問題的例子如下：

■ **它將如何運作？** 你可能會覺得在團體協作時提出這種問題很沒價值。因為從表面上看，這個問題會有一種刻意讓別人批評你不理解討論內容的感覺。然而，這樣的問題反而可以指出團隊成員之間的誤解。就我個人而言，我提出這個問題是為了得到一位團隊成員的回答，而這個人與其他團隊成員的意見相左。有時候，基礎問題會有最好的效果。

■ **我們將如何測試？** 並不是所有的問題都必須和設計有關，我們也可以針對如何應對我們的決策來進行提問。像這樣的問題有助於測試，因為它可以凸顯出任何潛在的阻礙因素。例如，如果我們設計的東西依賴於一個在特定時間間隔觸發的排程任務，我們可以提出如何測試它的問題，並開始討論如何更好控制時間間隔，以加速測試。

小練習

使用 5W1H 再次查看 POST /room/ 端點，寫下你可能會向團隊提問的問題清單。請試著在每個 W 和 H 上想出至少三個問題。

提問就是對想法的測試

儘管使用像 5W1H 這樣的方法是好的開始，但為了進一步發展我們的提問技巧，了解批判性思考和水平思考如何在測試中發揮作用是值得的。

我們回到測試模型來看，在圖 4.2 中，正如我們看到的，在測試一個應用程式時我們可以提出「如果我按了一千次新增按鈕，會發生什麼事？」的問題，我們同樣也可以用這些方法來提出像是「誰會使用這個 API 的回應？」的問題。

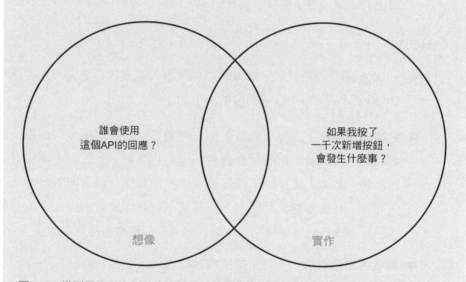

圖 4.2　模型展示了在測試中的想像和實作上提出的問題會有什麼樣的不同

雖然每個人關注的部分可能不同：有些人是軟體；有些人是想法。但是，促使我們有能力提出有用問題的是批判性思考和水平思考。利用批判性思考，我們所辨識的問題可以深入想法背後的真相和意義，揭示決策背後的動機，並凸顯可能導致錯誤的假設。強大的水平思考可以開發不同的問題來幫助我們拓展想法的影響力，以及決策背後可能沒有考慮到的後果。簡單來說，批判性思考讓我們挖得更深，水平思考讓我們走得更廣。

鍛鍊批判性思考和水平思考有助於我們提出更有影響力的問題。然而，在學習提升這兩種技能時，可能會覺得很抽象。最好方法就是將它們視為肌肉。

> 藉由不斷找機會去練習測試想法和程式碼，將思考與分析的技巧變得更加強大，使你的測試技能更加有效。

我們所探討的這些問題只是一個小型的示範性樣本。我們可以提出很多問題來了解我們為 API 設計所做的選擇，它可能會對 API 的消費者產生什麼影響，以及在特定情況下可能會發生什麼事。我們難免還是會遇到問題用完的時候，雖然這本身並不是一件壞事，但它有可能是一個明顯的跡象，表示我們已經用盡了所有可以辨識的途徑，這可能意味著是時候停止測試了。然而，我們可以使用一些額外的技術和工具來幫助我們產生其他想法和問題。

4.1.2 擴展測試 API 設計的技術與工具

5W1H 是測試 API 設計的基本技術，但是它也可以結合其他的提問技巧、資料型態分析和視覺化來擴展延伸。每一種技術都能提供產生新想法或新觀點的方式，你可以結合 5W1H 來進行更深入的測試。

進一步的提問技巧

除了 5W1H，另外還有兩種技巧可以用來擴展你的提問—— else 問題（else questions）和漏斗問題（funnel questions）。

你可以將 else 問題結合 5W1H 來提問，使用方法是：在關鍵字後面加上一個 else。這麼做的用意就是要促使我們和團隊進行水平思考，例如以下問題：

- **還有誰**會使用這個？（Who else is going to use this?）

- **還可能**會發生什麼？（What else might happen?）

- 錯誤**還會**如何發生？（How else could an error occur?）

如果 else 問題能幫助我們延伸水平思考，那麼漏斗問題能幫助我們擴展批判性思考。不過漏斗問題並不是使用關鍵字來觸發問題，而是對初始問題的回答有所反應，然後進一步提問來深入挖掘。例如：

問：使用者要如何新增圖片？

答：使用者要新增圖片，可以在負載中提供一個連結到圖片的 URL 字串。

問：為什麼使用者必須提供一個圖片的 URL，而不是直接上傳圖片？

答：因為我們目前還沒有上傳的功能。

問：那我們什麼時候會建立上傳功能？

答：也許我們現在應該優先排序這個問題。

在這個例子中，我們的目的不是要讓回答問題的人看起來很笨拙，而是要挖出做這個決定背後的原因。為了讓漏斗問題成功，我們需要在提問中加入其他技巧。我們需要運用積極聆聽的技巧，例如有意地傾聽對方的回答並作出回應，同時也需要注意我們提問的表達方式，讓他們因為我們的提問產生好奇，而不是讓他們產生敵意。

> 如果你難以記住所有這些提問技巧，或者想隨機搭配不同技巧，你可以前往 Hindsight 網站免費下載 Discovery Card 作為提示使用：https://www.hindsightsoftware.com/discovery-cards。

小練習

使用你在上一個小練習中提出的問題，看看你是否能用 else 這個關鍵字來延伸這些問題，並思考加了 else 之後會如何改變原本的問題。請寫下你可能會提出的每個 else 問題。

資料型態分析

透過資料型態分析，我們可以觀察 API 設計中的資料型態，並挑出與資料型態有關的特定問題。舉個例子來說，我們回想一下用來發送以建立房間預訂的負載：

```
{
    "roomName": "102",
    "type": "Double",
    "accessible": "true",
    "description": "This is a description for the room",
    "image": "/img/room1.jpg",
    "roomPrice": 200,
    "features": ["TV", "Safe"]
}
```

我們可以在負載中看到，我們以整數形式發送了 roomPrice。有了這些資訊，我們可以提出一些與資料型態有關的基礎問題，比如——

- 如果我們發送的是浮點數而不是整數，會發生什麼？

- 如果我們發送一個會發生溢位的數字，會發生什麼？

或是我們可以問與資料型態背後的相關業務問題，比如：

- 如果 roomPrice 被設為零或低於零，會發生什麼？

- 如果 roomPrice 沒有送出，會發生什麼？

透過我們對於整數資料型態如何運作的知識，以及我們對業務規則的理解，我們可以深入到特定的細節中來獲得答案。

每種資料型態都有各自的考量因素，你可以將它們運用在提問中，提問時需要了解它們的工作方式和限制。幸運的是，已經有人為這類型的提問製作了參照表。例如，我們可以使用 Elisabeth Hendrickson 製作的測試啟發法參照表，你可以前往該連結來取得：http://mng.bz/Ay5K。我們將會在第五章的探索性測試（Exploratory testing）一節中詳細討論啟發法（heuristics）。現在你可以先把啟發法當作是一種幫助快速觸發問題的方法。

小練習 ✏️

使用測試啟發法參照表（http://mng.bz/Ay5K），寫下你可能提出與 POST /
room/ 負載有關的問題。

視覺化

儘管聽起來很老套，但是一幅畫勝過千言萬語。當我們在進行一個活動時，
我們是在試圖建立一個共同的理解並揭示假設的訊息，視覺化在這方面上可
以帶來非凡的價值。請回想一下我們先前提出的問題：

它將如何運作？

想像一下，某個團隊成員走到白板前，畫出了如圖 4.3 的圖表，而不是單純口
頭回答這個問題。

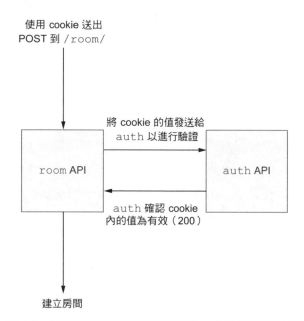

使用 cookie 送出
POST 到 /room/

將 cookie 的值發送給
auth 以進行驗證

room API

auth API

auth 確認 cookie
內的值為有效（200）

建立房間

圖 4.3　我們可以建立類似這個範例的 API 設計視覺化圖表，以便引導溝通

儘管它不是一份詳細的視覺化圖表，但是它分享了 API 之間的依賴關係，並展示了一個正在發揮作用的安全機制。它也可以作為更多提問的出發點，比如：

- 如果 Auth API 連接失敗，會發生什麼？

- 如果 Auth API 回傳一個錯誤狀態碼，會發生什麼？

- Auth API 要如何告訴 room API 安全檢查是否通過？

視覺化既是創造新提問的方式，也是說明自己理解的工具。將你想法的視覺化並問團隊「它是這樣運作的嗎？」可以產生很好的反饋，因為團隊成員將使用你的視覺化圖表，來向你傳達對於將要建立的東西，你的理解和他們的理解有什麼樣的不同。

小練習

利用你對 restful-booker-platform 的了解，以及你在第二章中建立的模型，嘗試建立一個 POST /booking/ 流程的精簡版視覺圖表。一旦你完成了視覺圖表，請檢視一下整張圖，並在你的問題清單中新增一些你觀察圖表之後可能會發問的其他問題。

如同前文所述，測試 API 設計和測試抽象的想法與需求是一項需要實踐的技能。我們所討論的這些技術和工具，可以幫助開啟對話和產生提問。不過，我們還有一個方法可以使用，它可以引發對話、增加共同的理解，這個方法就是文件。

4.2 使用 API 文件工具來測試設計

有時文件是一個會帶給人既定印象的詞。有些人會說文件很浪費、難以維護且很少使用，同時引用長達幾百頁的規格文件的圖片。但如果做得好的話，文件既能在輕量和容易維護之間取得平衡，同時也能捕捉到我們想要建立的東西。我們的文件可以成為個人之間達成協議的來源，也可以是向團隊以外的人傳達我們工作的有效方式。

當我們測試 API 設計時，我們不僅是在揭示資訊和發現問題，我們同時也在幫助團隊取得我們的共同理解以做到以下幾點：

■ 藉由明確說明我們期望 API 如何運作，來消除任何假設和模糊之處。

■ 辨識出能引發進一步提問的新資訊。

■ 向我們 API 的使用者清楚說明我們期望這個 API 將如何運作，無論他是在同一個平台上開發 API 的另一個團隊，還是遠在地球另一端的第三方使用者。

這裡的關鍵是創造對每個人都有用且容易維護的良好文件。幸運的是，現今文件工具的設計也已將這些價值包含在內，這也是我們接下來要學的部分。

4.2.1　用 Swagger/OpenAPI 3 來編寫 API 文件

有很多工具可以用來記錄 API 的各種不同功能，不過針對我們的文件，我們將使用 Swagger 工具集，它提供了一系列工具，我們很快就會討論到。而現在，我們的重點是使用名為 OpenAPI 3 規範的 schema 來撰寫我們的 API 設計。

OpenAPI 3 schema 原先是 Swagger 工具集的一部分，但為了協助建立 API 記錄的標準，Swagger 團隊將該 schema 捐贈給開源社群 OpenAPI Initiative（https://www.openapis .org/）。自那時起，OpenAPI Initiative 便將原本 Swagger 的 schema 發展成了 OpenAPI 3 規範的 schema，它可以以一種開放和易於驗證的方式來規範 API，減少人們對於設計和文件產生誤解的風險。

為了理解 OpenAPI 3 是如何運作的，我們來建立一個使用 schema 的 POST room API 設計。先讓我們回顧一下之前提到的設計：

請求

```
POST /room/ HTTP/1.1
Host: example.com
Accept: application/json
Cookie: token=abc123

{
    "roomName": "102",
    "type": "Double",
    "accessible": "true",
    "description": "This is a description for the room",
    "image": "/img/room1.jpg",
    "roomPrice": "200",
    "features": ["TV", "Safe"]
}
```

回應

```
HTTP/1.1 201 OK
Content-Type: application/json

{
    "roomid": 3,
    "roomName": 102,
    "type": "Double",
    "accessible": true,
    "image": "/img/room1.jpg",
    "description": "This is a description for the room",
    "features": ["TV", "Safe"],
    "roomPrice": 200
}
```

首先，我們需要決定要在哪裡記錄設計。由於 YAML 是 OpenAPI 的首選格式，所以最簡單的選擇就是直接打開編輯器來使用。根據你所選的編輯器或 IDE，你可以安裝外掛或 linter 來確保你的文件依循 OpenAPI 所規範的正確模式。或者，如果你想要有其他額外的功能，還可以用 SwaggerHub，它提供了一個線上編輯器，可以免費註冊與使用（https://swagger.io/tools/swaggerhub/），進階功能則需要付費訂閱。或者，如果你熟悉 Docker，你也

可以下載 Docker 映像檔來使用。Docker 映像檔的詳細說明可以在 swagger-
editor 的 GitHub 上找到（http://mng.bz/7yx9）。

> **其他 API 設計工具**
>
> 如果出於一些原因，Swagger 不是你首選的工具，其他工具也有提供 API 設
> 計功能，比如 Postman API design 和 Stoplight，它們都支援 OpenAPI 的格
> 式。

無論你選擇哪種工具，現在我們就先來建立一個新的 YAML 設計文件，並加
入以下內容：

```
openapi: 3.0.0
info:
  description: An example API design
  version: 1.0.0
  title: SandBox Room service
  contact:
    name: Mark Winteringham
```

我們在第一行宣告文件的 schema 類型。這在用 OpenAPI 3 schema 驗證我們
的設計格式，以及用其他 Swagger 工具來使用我們的設計時非常重要。接下
來，我們在 info 部分提供背景資訊，以協助說明 API 和追蹤設計的版本。有
了這些細節，我們現在可以在 YAML 檔案中加上細節來記錄請求和回應，如
下所示：

```
servers:
  - url: https://example.com/
paths:
  /room/:
    post:
      tags:
        - room
      parameters:
        - in: cookie
          name: token
```

```
      required: true
      schema:
        type: string
requestBody:
  content:
    application/json:
      schema:
        $ref: '#/components/schemas/Room'
  description: roomPayload
  required: true
responses:
  '201':
    description: Created
    content:
      application/json:
        schema:
          $ref: '#/components/schemas/Room'
  '403':
    description: Forbidden
```

正如我們將在下一節學到的，Swagger 的工具將會使用我們建立的設計文件來建立互動式 API 文件，這樣我們就可以發送請求和接收回應。為了啟用該功能，我們需要在 servers 部分提供一個或多個項目（entry）以供文件使用。

然後，我們開始映射 room API 端點，從 /room/ 的 URI 規格開始，分成以下四個部分：

- tags（標籤）—標籤可以讓我們為自己的 URI 規格命名，以便在文件中找到它。

- parameters（參數）—在設計中，我們可以指定之後要進入請求的標頭。在我們的請求中，我們需要一個值為 token=abc123 的 Cookie 標頭。

- requestBody（請求本體）—儘管我們尚未指定請求本體的內容為何，但在後面的設計中會需要宣告它。我們可以從 content: 得知，在我們要建立 schema 的參照之前，請求本體將會是 application/json 格式。

- responses（回應）—responses 部分可以讓我們透過宣告每個狀態碼
  來作為 responses 的子區段，並且可以添加詳細內容，讓程式列出預期
  的狀態碼回應。例如，201 區段底下的額外內容，顯示回應中加入了符
  合 room schema 的負載。

完成後面兩個部分之後，我們已經使用 $ref: '#/components/schemas/
Room' 來參照一個 room schema，接著我們來為以下 JSON 本體建立一個
schema 來完成我們的 YAML 文件。

```
{
    "roomid" : 1
    "roomName" : "101",
    "type": "Single",
    "accessible" : false,
    "description" : "A room description",
    "image" : "link/to/image.jpg",
    "roomPrice" : "100",
    "features" : ["TV", "Refreshments", "Views"]
}
```

加入以下內容：

```
components:
  schemas:
    Room:
      title: Room
      type: object
      properties:
        accessible:
          type: boolean
        description:
          type: string
        features:
          type: array
        items:
          type: string
          pattern: Single|Double|Twin|Family|Suite
      image:
        type: string
      roomName:
        type: string
```

```
    roomPrice:
      type: integer
      format: int32
      minimum: 0
      maximum: 999
      exclusiveMinimum: true
      exclusiveMaximum: false
    roomid:
      type: integer
      format: int32
  required:
    - accessible
    - description
    - features
    - image
    - roomName
    - roomPrice
```

請注意這部分的前三行與 $ref: '#/components/schemas/Room' 參照，它
們的階層相同。這就是我們將 schemas 與 paths 關聯起來的方式。

在 Room 部分底下，我們宣告了 schema 的結構，從 root 物件和它的名稱開
始，接著是 properties 部分，在這裡我們宣告了物件中我們想要的每一個屬
性，並且訂定規則來確立這些屬性必須是什麼資料型態（字串、陣列或整數
等）、屬性的邊界。

例如，對於 roomPrice，我們用 minimum 和 maximum 來設置低邊界和高邊
界。exclusiveMinimum 和 exclusiveMaximum 告訴我們是否將設置的值包含
在我們的邊界中。例如，minimum 被設置為 0 且 exclusiveMinimum 被設置為
true 的話，這意味著任何小於 1 的值都是出界的。最後，我們可以用 required
欄位設置哪些屬性是必須，哪些屬性是非必須。

最後我們會得到一個 /room/ 端點的 API 設計文件，看起來會像這樣：

```
openapi: 3.0.0
info:
  description: An example API design
```

```yaml
   version: 1.0.0
   title: SandBox Room service
   contact:
     name: Mark Winteringham
servers:
 - url: example.com
servers:
 - url: https://example.com/
paths:
  /room/:
    post:
      tags:
        - room
      parameters:
        - in: cookie
          name: token
          required: true
          schema:
            type: string
      requestBody:
        content:
          application/json:
            schema:
              $ref: '#/components/schemas/Room'
        description: roomPayload
        required: true
      responses:
        '201':
          description: Created
          content:
            application/json:
              schema:
                $ref: '#/components/schemas/Room'
        '403':
          description: Forbidden
components:
  schemas:
    Room:
      title: Room
      type: object
      properties:
        accessible:
          type: boolean
```

```
        description:
          type: string
        features:
          type: array
          items:
            type: string
            pattern: Single|Double|Twin|Family|Suite
          image:
            type: string
          roomName:
            type: string
          roomPrice:
            type: integer
            format: int32
            minimum: 0
            maximum: 999
            exclusiveMinimum: true
            exclusiveMaximum: false
          roomid:
            type: integer
            format: int32
      required:
        - accessible
        - description
        - features
        - image
        - roomName
        - roomPrice
```

使用像 OpenAPI 這樣的工具，我們可以快速開發出容易閱讀的文件，進而幫助我們進行測試。像是應用我們前面介紹的資料型態分析來查看每個 properties。在 responses 部分，我們可以就不同的錯誤與回送的反饋來提問。這樣做的原因在於，設計的想法就不會只侷限在一位或多位團隊成員的腦海中，而是能被具體記錄下來，提供整個團隊查看。

小練習

使用 OpenAPI 是相對容易的，但它需要我們對 schema 的規則有一些熟悉。為了
幫助你掌握使用 OpenAPI 來進行記錄，我們利用前面學到的知識，為你之前測試
的 /booking 端點建立一個 API 設計文件：

請求

```
POST /booking/ HTTP/1.1
Host: example.com
Accept: application/json

{
    "bookingdates": {
        "checkin": "2021-02-01",
        "checkout": "2021-02-03"
    },
    "depositpaid": false,
    "firstname": "Mark",
    "lastname": "Winteringham",
    "roomid": 1,
    "email": "mark@example.com",
    "phone": "01234567890"
}
```

回應

```
HTTP/1.1 200 OK
Content-Type: application/json

{
    "bookingid": 2,
    "booking": {
        "bookingid": 2,
        "roomid": 1,
        "firstname": "Mark",
        "lastname": "Winteringham",
        "depositpaid": false,
        "bookingdates": {
            "checkin": "2021-02-01",
            "checkout": "2021-02-03"
        }
    }
}
```

4.2.2 文件以外的功能

使用 OpenAPI 來寫文件的好處之一，就是我們完成文件之後，它還為我們提供了其他改善開發的機會。藉由在 OpenAPI 中設計我們的 API，我們可以使用 Swagger 的工具來加快我們的開發速度，並透過以下提到的幾個工具來改善我們的公開文件。

Swagger Codegen

Swagger Codegen 提供了將我們的 API 設計文件轉為程式碼的能力。它所帶來的價值不只有為我們省下從無到有設置新 API 的時間，並且確保在設計討論中商定的內容得到實現，同時保留了加入必要商業邏輯的空間。這確實意味著你將產品程式碼的生成委託給第三方工具，這個行為可能會帶來額外的風險，但這些風險也可以用我們在本書中探討的其他測試活動來進行測試。

你可以在這裡找到更多 Swagger Codegen 的資訊：https://github.com/swagger-api/swagger-codegen。

SWAGGER UI

如果你在前一小節有使用過 SwaggerHub，你就會看到 Swagger UI 是以互動式文件的形式出現在設計文件的右側。它能將你的 API 設計文件轉換為容易閱讀的 UI，清楚地展示出你的 API 功能。除此之外，如果設置正確，你還能夠使用文件建立請求，向你的 API 發送請求並查看回應。這個工具提供了一種測試 API 的好方法，因為它可以快速建構 API。但更重要的是，它可以讓你與你的使用者分享這份正確文件，說明你的 API 能做什麼、不能做什麼，解決任何因誤解 API 運作方式而產生的風險，防止 API 被誤認為無法正常運作。

你可以在這裡找到更多 Swagger UI 的資訊：https://github.com/swagger-api/swagger-ui/。

記錄 GraphQL API

因為 GraphQL 不是使用 OpenAPI 來定義 schema，所以 Swagger 工具集（筆者撰寫本書時）不支援 GraphQL。不過，已經有開源函式庫為 GraphQL 提供了類似的體驗，例如由 GraphQL 社群（https://github.com/graphql/）維護的 graphql-playground 和 graphiql。

4.3 鼓勵團隊測試 API 設計

擁有分析和對 API 設計提問的知識和技能是至關重要的。但是如果沒有機會實際測試，就很難幫助團隊提升品質。是的，我們可以用非同步的方式來測試 API 的設計，花時間來瀏覽設計、記下提問，然後發送給你的團隊。但是這種方法很耗時，而且潛在的問題可能會在開始實作後才被發現，進而抵銷了這個活動的價值。此外，缺乏合作討論意味著我們將會錯過發現差異的機會。畢竟，寄電子郵件或傳送即時訊息，還不如一場好對話來得聰明。

為了真正從這個測試活動中獲得最大的收益，最好是以小組為單位進行合作討論。集合不同的利害關係人和他們的專業於其中，他們提供的不同觀點和資訊就可以在對話中分享。對產品提出問題，可能會引發關於架構限制（architectural constraints）的討論。針對一個特定的問題進行澄清說明，會看到大家在團隊中提出各種不同的假設。

4.3.1 獲得認同並開始測試 API 的設計

這些類型的討論中有一項重要因素，那就是團隊的文化心態。我當然可以輕易地說，你應該利用現有的對話，或者你應該與你的團隊一同啟動合作會議來開始進行測試。但對有些人來說，現實情況是，團隊可能會不小心或刻意排除某些角色來進行討論。為了應對這種排除，有些人可能會說，你應該自己邀請自己。然而，即使你克服震驚，邀請自己參加會議，也不一定能確保獲得團隊中所有人的認同。

我們將在後面的章節中討論,我們需要一個策略,以鼓勵團隊在想法階段加入測試活動。實驗會是一個將測試 API 設計納入團隊的好方法。建議從小地方開始進行實驗,例如,與志同道合的人開始結對程式設計,衡量其成功指標。與團隊分享你結對的價值,也許你還可以擴大結對來獲得更多認同。一旦有了足夠的興趣,與整個團隊討論是否將這種類型的測試活動正式化。或者,如果這個活動有效,就可以繼續在團隊中進行這個活動。

4.3.2 利用現有會議的優勢

幸運的是,測試 API 設計的活動能輕易融入我們團隊既有的設計討論流程。無論既有的討論是以正式或非正式的方式進行,我們都可以引入測試,幫助我們說明想法並深入思考我們要建構的東西。

正式方法

敏捷中的許多儀式早已成為許多團隊軟體開發週期的一部分。無論是哪種方式,舉行活動來讓團隊在開始前討論工作是很常見的。例如衝刺規劃(sprin planning)或故事啟動(story kick off)等等的儀式,可以讓我們有機會來測試 API 設計。一般來說,這些類型的儀式通常會由各種不同角色的人來合作討論想法和進行一些非正式的測試。將測試重點帶入其中,你就可以擴大已經進行中的對話。

如果你想善用現有的儀式,請記住其中有潛在的限制。有一些會議的規模可能比較大、進行時間很長,因此必須將大量的議題放在一個有時間限制的會議內。這會導致與會者的疲勞,並且對團隊成員間的溝通產生負面影響。此外,如果人數過多,可能意味著會有一些成員不太願意進行分享。

非正式方法

儘管利用正式的儀式可以提供你「立即可用」的解決方案,但有時採取非正式的方法會更成功。

舉例來說，結對可以提供一個很好的測試機會。或者可以說，結對這個活動本身已經涵蓋了測試，因為結對者會彼此討論想法並分享解決方案。然而，如果結對的其中一人專注在實作，就很容易被手頭上的任務牽著走。如果彼此同意在實作結對之前花點時間討論和測試想法，可以讓我們對自己的工作進行更廣泛、深入的思考。

除了結對之外，團隊成員還可以聚在一起對設計想法進行非正式的討論。例如，如果在某個專案中，前端與後端是由不同的人來開發，或者提供資料和使用資料的 API 是由不同的團隊所處理，這可能會產生與 API 設計有關的非正式對話。這可能是一個將正式測試帶入討論的好機會。觀察團隊的運作，我們不時可以發現這些非正式的討論機會。

4.3.3 建立你自己的會議

儘管利用團隊中既有的儀式或討論，可以為測試 API 的設計提供一條捷徑，但有時它可能不是我們想要實現目標的最佳方法。衝刺規劃可能會太長，而結對可能太不正式或是達不到我們想要的資訊共享的程度。我們可能會因此尋求新的方法，以便我們能測試 API 設計。

對於一些團隊來說，利用 Three Amigos 方法可以創造一個讓團隊成員聚在一起的時機，專注於討論設計的想法，並更好地了解需要交付的東西。傳統上，Three Amigos 會議可以是一個正式或半正式會議，當一個新的使用者故事或部分工作準備用於設計和開發時，測試人員、開發人員和產品負責人（或類似的角色）會聚在一起，共同合作並討論使用者故事或工作的交付。目的是讓每個人在結束討論時對需要完成的任務有一個清楚且共同的理解。

Three Amigos 的方法簡單明瞭、易於使用，是鼓勵測試 API 設計活動的一個好方法。但隨著你熟練這種方法後，你可以依據自己的情境進行調整。我們可以讓 Three Amigos 方法正式列為軟體開發週期的一部分，在看板上增加一個分析欄。或是我們可以選擇把它當作一個非正式的事件，鼓勵團隊成員在需要時互相對話。

此外，我們可以考慮在對話中加入更多的人。不一定只能是 Three Amigos 規定的「三」個朋友，可以是四個、五個甚至更多。讓其他角色參與其中可以提供不同的觀點。例如，如果我們的開發有分不同專業，我們可以邀請每項專業的一位成員。或者，我們可以邀請一個負責使用者體驗（UX）的團隊成員。記住，使用 Three Amigos 方法的重點是它可以自由調整。只要你達到了合作與討論，就會有價值。

4.4　測試 API 設計作為測試策略的一部分

對於一些人來說，把「測試 API 設計」作為學習測試 API 的途徑可能不太尋常。然而，它充分展現出了動態測試的技術、如何應用在許多不同的情況並提供價值。一個好的測試策略是具有全面性的策略，它關注的是許多可能潛藏於我們工作之中的風險。

如果回想一下我們在第一章中探討的測試模型，其目標是確保我們想要建立的東西與正在建立的東西是相互匹配的。但我們首先需要對我們想要建立的東西有一個很好的理解。如果我們作為一個團隊對想要交付的東西有所誤解，就會導致令人沮喪的重工或交付成果與使用者想要的東西不匹配。因此，為了確保我們建構正確的東西，我們應該把注意力集中在圖 4.4 測試策略模型中的兩個特定區域：測試我們作為團隊所知道的東西（與實作重疊的區域）和我們作為團隊所不知道的重要部分（想像的剩餘區域）。

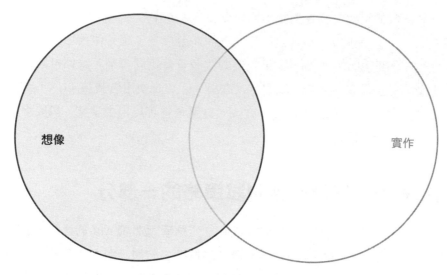

圖 4.4　使用測試策略模型，以展示測試 API 設計如何關注測試的想像區域

與其他測試活動不同的是，這類型的測試關注的是對需求、設計和想法進行提問。如果做得正確，我們提出的問題可以幫助一個團隊對他們被要求建立的東西形成共同的理解。我們可以使用問題來探索我們被要求解決的問題，反思我們的解決方案是否能交付價值，並發現任何還沒被討論到的問題或想法（例如送出了錯誤的狀態碼）。我們合作、提問和討論想法與設計的頻率越多，我們就越容易擴大我們作為團隊所知道的內容、減少我們不知道的內容，從而形成一個更明智的團隊，清楚知道如何提升團隊要打造產品的品質。

總結

■ 如果我們不花時間討論、測試設計需求與想法，我們就有交付不良工作的風險。

■ 在一開始對 API 設計提出問題，可以讓我們及早抓出問題，並消除假設和誤解。

■ 就測試的本質而言，測試的重點在於提問。我們可以使用這些提問技巧來測試想法和設計。

- 提問技巧需要強大的批判性思考與水平思考。

- 我們可以使用諸如 5W1H 的技巧，以快速辨識出問題。

- 我們還可以使用諸如 else 問題與漏斗問題、資料型態分析和視覺化等技術來擴展我們的問題。

- 為了促進合作討論與測試，我們可以使用 Swagger 等等的現代文件工具。

- Swagger 使用 OpenAPI 3 架構來幫助我們準確、清晰地描述 API 的設計。

- 我們可以利用設計與其他 Swagger 工具來分享清楚的文件記錄、為我們快速建立程式碼。

- 加入或開始新的合作會議，可以為測試設計提供一個絕佳機會。

5

API 探索性測試

本章涵蓋

- 什麼是探索性測試，它如何運作
- 如何規劃探索性測試
- 探索性測試環節包含什麼
- 如何分享從探索性測試環節中所學到的東西

在深入探討探索性測試之前，讓我們從一個簡單小活動開始。找一張紙和一支筆，寫下一個引導測試者從 A 點到 B 點的腳本。路線可以是從辦公室的前門到你的辦公桌，或是從你房子的前門到廚房，可以不用特別思考如何規劃路線。寫好腳本後，把它交給測試者，請他從 A 點開始，然後根據你的腳本抵達 B 點。當他照著你的腳本走完路線之後，請詢問他一個簡單的問題：當他依照你的腳本行走時，他看到了什麼東西？例如，牆壁上有什麼有趣的東西嗎？別人的桌上有什麼不尋常的東西嗎？他說什麼並不重要；記下來，然後讓他再次做同樣的活動。但是這一次，不要給他腳本，告訴他有十分鐘的時間從 A 點到 B 點，但在這十分鐘內，他可以寫下任何在過程中看到的一切。

一旦他們完成後，比較使用腳本時的觀察，與沒有腳本時的觀察之間的差異。很有可能第二次迭代的反饋數量和細節都會更多。這是因為在第二次迭代中，你的測試者進行了一次非正式的探索性測試。在那個環節中，他們有目的地探索了一個受限區域以了解周圍的情況。他們向你展示了探索性測試的核心運作方式以及它的價值。在本章中，我們將分析一個探索性測試環節，並進一步了解什麼是探索性測試，如何有目的、有組織地進行探索，以及如何執行探索性測試。

5.1 探索性測試的價值

許多人都知道探索性測試，但是不了解它如何運作，或者它需要什麼，有些人把它誤解為一種臨時、虛構或沒有結構的測試方法，難以實行或提供價值。探索性測試確實有其自由和靈活度，但我們將會學到，探索性測試其實是一種高度規範的測試方法，它平衡了結構與自由，以幫助「探索者」盡可能地學到更多有用的資訊。

5.1.1 探索性測試的循環

Elisabeth Hendrickson 在著作《*Explore It!*》中深入研究了探索性測試，並指出探索性測試是——

> 「……在設計和執行測試的同時了解系統，並使用前一次測試的反饋來指導下一次測試。」

她的意思是在探索性測試中，我們會在一個環節中多次重複一個循環，如圖 5.1 所示。

每一次循環中涵蓋的步驟如下：

1. **設計**—在一輪新測試的開始，我們會對正在測試的系統有一些基本了解。基於這些知識，我們列出可能要問的新問題或要填補的知識落差，因此提出並設計一個新的測試想法。

2. **執行**—設計完測試後，我們接著會執行它，有時會使用一些工具來協助。

3. **分析**—執行完成後，接著分析測試的結果。

4. **學習**—分析的結果將更新我們對系統的理解，我們帶著更新後的理解再次開始這個循環。

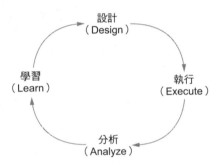

圖 5.1　探索性測試的生命週期，通常會從設計階段開始一輪新的循環。

所有這些階段都以相對較快的速度在我們腦海中進行，而且每個人在過程中會有自己的記錄風格。我們以一個具體的例子為例，想像一下，我們正在探索一個被設計為接受「有效」（valid）電話號碼的表單功能，如下所示：

1. **設計**—我們知道這個表單欄位只接受有效的電話號碼字串，所以我們想出了一個測試，要來測試兩個不同國家（例如英國和美國）的有效電話號碼格式。

2. **執行**—我們分別為這兩個國家建立兩個有效電話號碼，並執行測試。

3. **分析**—我們觀察到英國的號碼被接受，而美國的號碼不被接受。

4. **學習**—我們了解到，並非所有的電話號碼都被認為是「有效」的。目前只有英國的電話號碼有效，所以我們或許可以嘗試其他國家的號碼，看看會發生什麼事。

這個簡短的循環展示了我們如何在探索性測試中快速測試和學習，因為我們將在一個探索性測試的「環節」中反覆多次地進行這個循環（後面會提到環節的介紹）。這個循環允許我們遵循一種模式，為測試提供結構，但它也能讓我們自由選擇想要關注的內容與要設計的測試。正是這個循環使我們能用探索性測試來進一步測試程式，但它同時也是一把雙面刃。正如前面的章節所學到的，時間是有限的，我們不能測試所有的東西。要確保我們的測試是有價值的，這意味著我們需要知道哪些是重點，哪些能留到之後進行。

5.2 探索規劃

我們已經了解到探索性測試是一種具有結構的測試方法，但這個結構從何而來？它是以**章程**（charter）的形式出現的，章程是簡短、具體、可衡量的目標，我們希望透過執行探索性測試的「環節」來實現章程。例如，一個章程可以是以下：

- 探索 branding API
- 來查看不同的民宿細節
- 以研究 branding API 是否正確地儲存了民宿的細節

或者可以採用我的同事 Dan Ashby 分享的格式：

- 查看在 branding API 中的更新
- 以測試儲存不同家民宿細節時會出現哪些問題

章程的目的是清楚地列出我們希望在探索性測試中實現的目標，但又不會使測試過於侷限。例如，針對剛才提到的章程，我們可以想出對民宿名稱、位置和地址等細節的測試，並確信這些想法與章程列出的目標一致。我們也知道如果我們的測試想法是查看 booking API 的回應程式碼，那麼我們就「偏離了章程」，而且我們可能不會發現對團隊有用的資訊。

5.2.1 制定章程

Charter 一詞可能會讓我們聯想到著名的探險家在未知的土地或古代遺跡中探險的畫面 [1]。這是因為章程就是用來描述探險家旨在探索未知的聲明，而探索性測試也是如此。就像探險家會透過章程來發掘世界上的未知領域，我們也會用章程來發現不同類型的未知——也就是風險。我們辨識風險，然後把它們納入章程來應用在探索性測試。

我們已經在第三章詳細探討了風險分析。這裡快速回顧一下：我們對產品抱持懷疑心態來辨識風險，利用諸如風險風暴等工具來質疑我們的推斷，並模擬產品品質受到負面影響時的情形。從這個過程中，我們可以辨識出可能影響產品的風險，然後將這些風險轉換成章程，應用在探索性測試中。

例如，我們把在第二章辨識出的以下風險，變成與 restful-booker-platform 的 API 相關的風險：

- 管理員無法使用 branding API。

我們可以將它調整為：

- PUT /branding 端點無法更新 branding API 中的細節。

我們對要測試的風險有一個簡短而具體的描述，但之前它難以衡量且缺乏重點，而這就是章程可以派上場的地方。例如，讓我們使用一個常見的章程模板來更新我們的風險，這個模板曾在《*Explore It!*》一書中大力推廣：

探索〈目標〉
使用〈工具〉
以發現〈風險 / 資訊〉

1　譯註：charter 的另一個意思是「包租」。古代探險家在探索未知領域時，通常會包一台小飛機或一艘船。

我們可以使用這種方法將風險轉換成以下章程：

探索 PUT /branding/ 的 API 端點
使用不同的資料集
以發現資料被不正確處理的問題

透過將風險轉換為章程，我們就有了一個希望在探索性測試中達成的明確目標，我們知道了這個探索性測試的重點、可能採用什麼工具來幫助我們開始測試並確保探索性測試的成功。

為了生成章程，我們要辨識風險，然後透過模板將其定義成形，描述我們在探索性測試過程中的意圖。和其他測試一樣，章程也是需要練習的，但為了幫助我們建立章程，我們可以使用一系列的模板，比如前面提過 Dan Ashby 的模板：

透過測試〈測試想法〉
以查看〈目標〉

我們可以把它寫成：

透過測試資料被錯誤儲存的問題
以查看 PUT /branding/ 的運作

在開始使用章程時，我發現另一個來自 Michael D. Kelly 的模板特別好用，他在一場名為〈Tips for Writing Better Charters for Exploratory Testing Sessions〉的研討會中分享了這個模板（https://youtu.be/dOQuzQNvaCU）：

我的任務是測試〈涵蓋範圍〉中的〈風險〉

我們可以把它寫成：

我的任務是測試 PUT /branding/ API 端點中的資料無法儲存的問題

你可以自行決定要選擇使用哪一種格式。我們的目標是確立一系列的章程，而每個章程都記錄了要探索的不同風險，這樣我們就可以開始規劃要進行哪些探索性測試、何時進行。

小練習

你可以選擇你在第三章風險風暴活動中辨識出的一個風險，或者想一想你可以在 API 沙盒中探索的風險，搭配前面我們介紹過的模板，寫出一個或多個章程，抓住探索性測試環節的重點。

尋找合適的時間來挑選章程

章程的好處之一是，在制定章程的時間上有很大的靈活性。章程可以在正式會議上發想建立，例如衝刺規劃（sprint planning）或使用者故事（user story）的討論，但它們也可以在你進行探索性測試環節時來捕捉，最好的方法是結合兩者。善用團隊共處的時間，是確立章程的好方法。但在進行探索性測試或與他人分享你的發現時，不要擔心有新增的章程出現。

5.2.2　章程和探索性測試環節

一旦我們生成了章程，下一步就是規劃要執行的探索性測試環節。每個章程一次只指導一個探索性測試。例如，我們會針對一個章程，執行一個探索性測試環節，如圖 5.2 所示。

章程　———→　探索性測試環節

圖 5.2　一個章程對一個探索性測試

然而，有時為一個章程進行一次以上的探索性測試，效果會更好，如圖 5.3 所示。

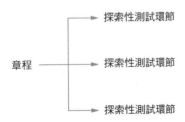

圖 5.3　一個章程對多個探索性測試

這是因為每個探索性測試環節都是不同的。誰在進行測試、對測試內容的了解、測試人員的技能以及更多的因素，都會影響我們的測試方式和對系統的觀察方式。藉由執行多個集中在同一個章程上的測試環節，我們最終分享發現的東西可能就會不一樣。

5.2.3 組織我們的探索性測試

我們選擇為一個章程進行探索性測試的次數，以及哪一組章程該優先執行，將取決於我們有多少時間。章程不只是指導測試的一種方式，還是組織探索性測試的內容和優先順序的一種方式。例如，對於 restful-booker-platform，假設我們已經按照優先順序確定了以下三個章程：

1. 探索 Create Room API，以發現房間不能被正確儲存的風險。

2. 探索 Delete Room API，以發現房間不能被正確刪除的風險。

3. 探索 Create Room API，以發現有關發送不正確回應的風險。

理想情況下，我們希望至少對章程 2 進行三次的探索性測試，但我們的時間只夠對全部的項目進行四次測試。我們有如下的選項：

■ 執行章程 1 一次，章程 2 三次，並明確指出章程 3 對我們來說仍然是未知的，這可以引發團隊討論是否空出時間來進行更多測試，還是接受未知風險。

■ 按照優先順序執行每個章程，從章程 1 開始，接著進行章程 2，最後是章程 3，然後再回到章程 2，進行第二次探索性測試。

這兩種選擇各有優缺點。不過，這個例子的重點是說明我們如何使用章程來組織工作，並溝通我們想進行哪些探索性測試、什麼時候進行，以及更重要的：我們不會進行哪些探索性測試。透過建立章程，我們不僅確立了一種指導我們測試的方式——同時也確立了一種組織探索性測試的方法，並且分享了可以做什麼、已經做什麼或將要做什麼事，這可以用來表達我們在探索性測試方面的進度。

章程和回歸測試

章程也可以用來幫助組織多個探索性測試環節，以達到回歸測試（regression testing）的目的。如果我們列出哪些章程已經執行、何時執行，以及章程的重點，我們也可以用這份清單來決定想要進行的回歸測試。例如，我們可以選擇重新執行在一段時間內沒有執行過的章程，或者我們可以挑選出系統中可能會被近期更改所影響的區域的章程。

5.3 探索性測試：案例研究

因為探索性測試允許我們按照自身想要的方式（在一定程度的約束下）執行環節，這可能使學習如何執行探索性測試變得有點棘手。正如我們前面討論的，每個探索性測試環節都會有所不同。其中差異可能很微小，也可能截然不同，但無論差異大小，我們都不能只是複製別人在探索性測試中的做法。不過，我們可以在探索性測試中採用一些模式和技術，一旦辨識出這些模式和技術，無論我們在探索什麼都可以使用。因此，為了幫助我們學習探索性測試的不同面向，我們將會分析一個已經進行過的環節，研究在這個環節中發生了什麼、採用了什麼技術和工具、為什麼使用它們，以及每個環節背後的想法是什麼。

我們將來查看我依據以下章程進行的探索性測試環節作為使用範例：

- 探索房間預訂。

- 使用不同的資料集。

- 發現可能導致預訂失敗或處於錯誤狀態的問題。

在深入了解更多細節之前，我們首先把隨著探索性測試進行而產生的測試想法進行分解。在探索性測試的環節中，我將會參考這個測試筆記中的某些部分。如果你想了解更多，可以查看我的完整測試筆記，這些筆記以心智圖的方式記錄而成，並且儲存在 GitHub（http://mng.bz/1oDV）。

5.3.1 環節開始

探索性測試中最棘手的其中一個面向，就是知道該從哪裡開始。我們通常處於這兩種狀態的其中一種：我們對要測試的東西知之甚少，使得我們在測試中很難做出決定；我們知道的太多，可能性太多，使得我們很難選擇切入點來開始。因此我發現在開始探索性測試時，最好先花一些時間了解要測試的內容，然後再挖掘測試的想法。

例如，在我的探索性測試過程中，對於預訂房間的請求，我透過心智圖建立了我的測試筆記，並添加了一些環節資訊，像是我何時開始、我正在測試的版本以及我正在使用的環境。我還增加了有關成功預訂的 HTTP 請求的細節，包括有關 URL、HTTP 標頭和 HTTP 本體的細節，所有這些都可以在圖 5.4 中看到。

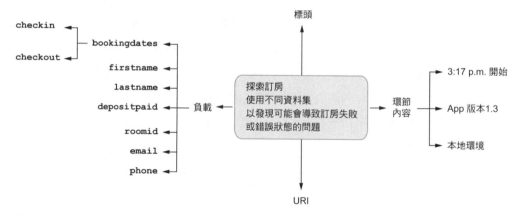

圖 5.4 開始探索性測試時的初步筆記

我根據第二章學到的活動發現了這些資訊，具體來說，就是使用開發者工具來擷取 POST / booking HTTP，然後將其複製到 HTTP 測試工具 Postman。不過，我也可以藉由閱讀文件、程式碼或與建立這個 Web API 端點的人交談來了解這個請求。

加上這些資訊後，我就可以開始測試了。對我來說，我的下一步是從心智圖中挑選一個節點，然後把想到的測試想法加進去。例如，在圖 5.5 中，我們可以看到 HTTP 本體負載中的 bookingdates 物件的一系列測試想法，這些想法是以提問的形式加入的。

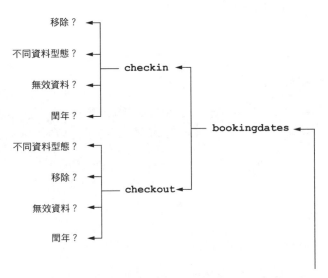

圖 5.5　測試筆記描述了入住日期和退房日期的不同測試問題

我之所以能夠做到這一點，是因為我已經理解預訂日期在訂房時的用途。而透過對這種理解的探索和反思，善用批判性思考與水平思考，我確立了我的測試想法。如果還記得第二章的內容，批判性思考可以讓我們更深入地挖掘想法和概念，而水平思考可以讓我們更廣泛地進行思考，這意味著我可以使用這些技能來提出問題，例如：

■ 如果入住或退房日期是在閏年呢？

■ 如果日期格式不同呢？

■ 如果我加入了一些其他不正確的資料呢？

每一個問題都是藉由測試、執行、觀察發生的情況，以便找到新細節的機會，比如：

- 將入住或退房日期設置為 29-02-2020。

- 將日期格式更新為 01/01/2000 或 2000-30-12。

- 將日期改為 null、整數或字串。

用 GraphQL 進行探索性測試

雖然 GraphQL 的結構與我們在本案例中使用的 REST 有所不同，但在如何進行探索性測試上是相似的。例如，讓我們以這個簡單的字元查詢為例：

```
query Character {
  character(id: 1) {
    name
    created
  }
}
```

我們可以應用類似於之前的方法，考慮可以查詢哪些其他字串，以及可以加入哪些 ID 和過濾器。例如，是在針對需要輸入整數的 ID 時，我可以提出以下問題。如果我查詢不存在的字元呢？如果我刪除這個值呢？如果我提供一個不是整數的資料型態呢？

小練習

想出一系列不同的測試想法 / 問題來測試入住和退房日期。寫下每一個想法，並把它們放在一旁留著之後使用。

5.3.2 知道何時不對勁

有些人在採用探索性測試時會擔心一點，那就是不知道該在什麼時候提出問題，什麼時候不提出。與專門為測試需求或驗收標準而設計的腳本方法不同，探索性測試沒有明確的期望。要由執行探索性測試者決定某件事是否值得作為一個問題提出來，這對一些剛開始的人來說可能會是一個難題。

儘管一開始這可能是個問題，但透過使用「測試準則」（oracle）可以幫助我們輕鬆克服，並開始發現違反我們以及其他人的期望的問題。測試準則是資訊的來源，它可以是明確的，例如需求，也可以是隱性的，例如語言的規則。當我們對提交給我們的新資訊進行反思時，就會用到測試準則，以幫助我們確定該資訊是否合適，或其實是個需要解決的潛在問題。有許多不同類型的測試準則可以用來幫助決定所見是否感覺正確。為了幫助我們更好地理解測試準則的運作方式，我們來看我在探索性測試環節中使用的測試準則來發現問題的一些例子：

- **產品的測試準則**—透過產品的測試準則，我們使用對系統的知識來確定它的行為是否一致。例如，在測試過程中，我發現有時候 400 錯誤回傳時，它會回傳一個我可以進行動作的錯誤資訊（例如，在我的負載中不能含有空字串）。然而，有時候回傳的卻是一個泛型的 400 錯誤，但沒有回傳任何錯誤資訊。我的產品測試準則可能就會是，應用程式應該要每次都回傳一個 400，並且要回傳明確的錯誤訊息。產品內的行為不一致違反了我的產品測試準則，這點出了一個潛在的問題。此時哪一種錯誤資訊應該被發送？泛型還是有詳細錯誤資訊的？這是需要進一步調查的問題。

- **法規和標準的測試準則**—許多專案都受到需要遵守的規則、條例和法律的約束。像是醫療軟體、建築產品與金融產品都遵循特定的法規或標準。當我在探索不同的入住和退房日期時，發現了一個問題——將入住與退房設定為同一天時，會回傳一個 409 錯誤。如果我們回顧一下 rfc7231 中對 409 狀態碼的定義，會發現回傳 400 類型的錯誤是有其意義的：

  409（Conflict）狀態碼表示衝突，由於與目標資源的目前狀態衝突，以致於請求無法完成。

這對我們的問題來說不合理。衝突不存在，因為根本就沒有其他預訂會與之衝突，所以使用 409 狀態碼是不正確的。

- **經驗的測試準則**—這種測試準則是基於我們對系統的經驗和知識，而不僅僅是對正在測試的產品。我們發現問題的能力不僅僅來自於測試特定產品的領域知識，還包括我們使用過的每一種軟體而累積的經驗，無論是專業上的經驗還是個人的經驗。正是這些知識幫助我發現了一個錯誤，在 message API 無法使用的情況下，如果我試著進行預訂，會回傳一個 500 伺服器錯誤。具體來說，問題不是 500 錯誤，而是這些預訂已被實際地儲存。在看到 500 錯誤時，我熟悉的測試準則會將它解釋為未能完成某件事。但在這個情況中，預訂卻已有部分完成，這和我過去遇到其他回傳 500 錯誤的 API 經驗不同。

這些測試準則表明了，觀察我們的系統時，我們有不同的方式來解釋資訊以確定問題，而不是只有將我們看到的結果比對書面需求這種常見方法。熟悉測試準則的使用需要時間與練習才能成為第二天性。所以在剛開始的時候，最好在你面前有一個測試準則清單作為快速參考，以幫助刺激想法，而這類型的啟發法也是我們接下來要探討的技術。

和團隊一起處理程式錯誤

我們將在後面詳細討論如何分享在測試中學到的東西，但至少我建議你至少要一直與你的團隊針對你提出的程式錯誤進行對話。測試準則是有缺陷的，也就是說它們只在特定情況下工作，有時這意味著我們提出的問題實際上並不是問題。這就是為什麼在環節結束後與我們的團隊進行對話，以確認哪些是真正的議題是很有用的。與開發人員或產品負責人交談，可以幫助我們找出真正要解決的問題，以及向其他人展示我們工作的價值。

小練習

還有其他更多的測試準則可以使用，Michael Bolton 在他的文章〈FEW HICCUPPS〉（http://mng.bz/5QrB/）進行完整的介紹。請通讀每種測試準則，然後想出一個描述如何使用測試準則的問題或程式錯誤的例子。

5.3.3　發想出更多的測試想法

在探索性測試過程中，我們有時絞盡腦汁仍想不出更多的測試想法。儘管這有可能是一種暗示，說明我們的測試環節已經完成了——我們很快就會詳細探討這個問題——但此時刻意使用啟發法（heuristics）可以擴展出更多測試想法，以挖掘更多的東西。

正如 Richard Bradshaw 和 Sarah Deery 在他們的文章〈Software Testing Heuristics: Mind The Gap!〉提到的（http://mng.bz/6XVo）：

> 「啟發法是認知上的捷徑。讓我們在面臨不確定時不會躊躇不前，而是進入系統一的自動導航模式，善用過往建立的啟發來快速解決問題並制定決策。」

其實我們每天都會不經意地使用啟發法來解決問題。以我自身經歷為例，我曾經有意識地使用某個方法來進入我的小屋。小屋的門是用掛鎖來上鎖的，而我的紅色鑰匙圈上有兩把鑰匙：一把用來開小屋的掛鎖，一把用來開另一扇門。而問題在於這兩把鑰匙看起來幾乎一樣，這意味著我經常用錯鑰匙，多少會讓我感到挫折。然而，我刻意使用啟發法，發現其中一把鑰匙有稍微彎曲，而另一把沒有。這個啟發法就是「紅屋直」這句話。

每當我把鑰匙拿在手裡時，「紅屋直」會讓我想起小屋門鎖的鑰匙沒有變形。每當默念這句話，我就會知道該選哪一把鑰匙。這句話得很有趣，以下有幾個原因。首先第一個原因，它顯示了啟發法的易錯性，因為「紅屋直」只有在我有紅色鑰匙圈時才有效。如果我有別把綠色鑰匙圈，它就派不上用場。所以，這個啟發法只幫助我解決了一個特定的問題，就像其他啟發法是為了解決其他特定的問題。第二個原因是，在某些時候，我會不再默念這句話，因為我已經知道紅色鑰匙圈上沒有彎曲的鑰匙就是能進入小屋的鑰匙。經過多次的練習，啟發法已經變成一個無意識的方法。我很確信我現在還在使用啟發法，不過我已經將它內化在我潛意識的某個深處。

同樣的道理也適用於使用啟發法來創造測試想法。我最初嘗試不同日期、日期格式和資料型態的很多測試想法，都來自於我在過去測試其他日期欄位時形成的下意識的啟發。我測試的越多，開發並內化的啟發法就會越多。然而，正如前面所提到的，我們總會有用完這些想法和啟發的時候。不過，我們可以轉換，開始使用明確的啟發法來協助辨識新的想法，而不是就此停止。

例如，我在探索性測試環節中常用的一個很棒資源是 Elisabeth Hendrickson、James Lyndsay 和 Dale Emery 建立的測試啟發法參考清單（http://mng.bz/Ay5K）。該清單整理了一個啟發法和對應資料型態攻擊的清單，以幫助刺激更多的測試想法。在我的探索性測試的環節中，我常使用它們來建立新的測試想法，像是──

- 在欄位中輸入空白字元，以模擬留白的姓和名。

- 嘗試輸入一系列的重音字和表情符號，這會讓我們發現一些問題。

- 嘗試使用不正確的日期，例如 2 月 30 日。

測試的想法不僅被清單上的不同項目啟發，而且這些被啟發的想法本身也開闢了新的探索途徑，因而又創造出新的想法。

記憶術（Mnemonics）也常被當作一種啟發法。我曾經用以下方式來協助產生更多的測試想法：

- **BINMEN**──由 Gwen Diagram 和 Ash Winter 命名，它指的分別是 ── boundary（邊界）、invalid entries（無效輸入）、nulls（空值）、method

（方法）、empty（空）與 negatives（負數），其中的每一個部分都可以用來刺激不同的想法。當我查看 BINMEN 時，其中的 method（方法）讓我眼睛為之一亮，因為這是我沒有探索過的部分，它可以刺激我們思考 /booking/ 端點有哪些可用的 HTTP 方法的測試想法。

■ **POISED**—它是由 Amber Race 所命名，分別代表 parameters（參數）、output（輸出）、interoperability（互操作性）、security（安全）、exception（例外）和 data（資料）。口訣中的「exception」引發了對錯誤處理的意識——回傳的錯誤與我期望看到的一致嗎？（記住我們熟悉的測試準則。）錯誤資訊有用嗎？它們能被輕易地操作嗎？

還有很多口訣可以用來幫助刺激新的想法，而且已經有人將它們彙整成實用的啟發法名單，比如下面這些：

■ Lynn McKee 在 Quality Perspectives 網站上整理的清單（http://mng.bz/ZANO）。

■ Del Dewar 的啟發法心智圖（http://mng.bz/R4z0）。

■ Ady Stokes 的測試週期表（https://www.thebigtesttheory.com）。

重點是記住，像測試啟發法參考清單和記憶術這樣的工具並不是用來檢查核對。它們是幫助我們刺激想法的方式。啟發法的使用方式是沒有正確答案的；重要的是我們和這些方法的關係。如果它們能觸發想法，那就善用它們。如果不能，就停止使用，然後改用別的方法。

小練習

回到你為預訂請求的日期部分所發想的測試想法。並回想一下我們學過的不同資源，例如測試啟發法參考清單，並使用它們來產生新的測試想法。

5.3.4 善用工具

我們已經探討了在探索性測試中擴展測試想法的工具和技術。現在來看看我們能如何使用軟體工具來讓測試更進一步深入與快速。在我的探索性測試環節中，我使用了一系列的工具，我把這些工具記錄在測試筆記中，如圖 5.6 所示。

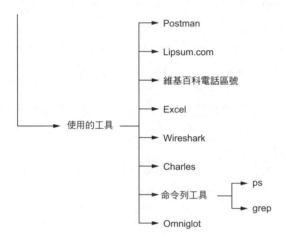

圖 5.6 作者的測試筆記列出了探索性測試環節中使用到的工具

我們可以看到，有一系列的工具可用於不同的目的。我們來探討一下這些工具是如何使用，以及它們是如何幫助擴展我的探索性測試環節。

excel 和 http 客戶端

第一個例子是關於 HTTP 請求本體中的 phone 欄位。在那個環節，我想到了一個測試想法，也就是嘗試不同的電話號碼格式，看看驗證是否能支援每一種格式。我在這個想法中遇到的問題如下：

■ 我需要一個國際號碼的清單。

■ 有很多的國際號碼需要嘗試。

第一個問題是透過 Excel 與維基百科來解決。剛開始尋找國際號碼時，我在維基百科上找到了一個表格，上面顯示了不同格式和長度的號碼。我把這些資訊加到 Excel 試算表，並利用公式製作出一個符合所有格式、隨機排列的國際號碼清單，類似於表 5.1。

表 5.1　資料驅動的表格案例

id	country	code	length	example
1	Afghanistan	93	9	93212264949
2	Åland Islands 358	358	10	3583415884081
3	Albania	355	9	355224314764
4	Algeria	213	9	213941947247

建立了這份清單，下一步就是將每個號碼作為對象來測試。「手動」完成這項工作會非常緩慢，因此，我利用 API 測試工具 Postman 來幫我完成工作，過程如下：

1. 我在 Postman 中擷取 `POST /booking/` HTTP 的請求，並將其新增到一個集合。

2. 接著更新 JSON 本體，把 id 和 phone 的值變成 Postman 的變數（注意這些變數是如何與 CSV 檔中的列名一致）。

```
{

    "bookingdates": {
        "checkin": "2022-12-01",
        "checkout": "2022-12-04"
    },
    "depositpaid": true,
    "firstname": "Mark",
    "lastname": "Winteringham",
    "roomid": {{id}},
    "phone" : "{{example}}",
    "email" : "test@test.com"

}
```

最後，我使用 Postman 中的 runner 工具來匯入 CSV 文件，並使用修改過的請求來多次執行集合。每次迭代都會從 CSV 檔中提取一列新的記錄，並在發送請求前將其注入 JSON 本體中。你可以在 Postman 官網（http://mng.bz/2nld）深入了解如何使用這個功能。

當發送每次請求時，都有一個新的電話號碼被注入，而其回應會被儲存。執行完成後，我查看了結果，發現並非所有的國際號碼都有支援，這讓我認為它是一個潛在問題。

小練習

類似的測試想法可以用於測試 POST /booking 本體中的 email 參數。請試著用 Postman 的 runner 與 CSV 檔，建立一個以資料驅動的新實驗來測試一系列不同的電子郵件格式，包括有效和無效的郵件。執行實驗後，分析結果，看看你發現了什麼。

Proxies 與 Mocks

第二個例子，我使用了 Proxies 與 Mocks 的組合來幫助探索與執行一個比較技術性的測試想法。正如我們在第二章所探討的，我們不僅可以用 Proxy 工具 Wireshark 來監控使用者介面和後端 API 之間的 HTTP 流量（類似於其他 Proxy 工具），還可以監控 API 之間的流量。在這個例子中，我用 Wireshark 檢測到 booking API 和 message API 之間的關係，如圖 5.7 所示。

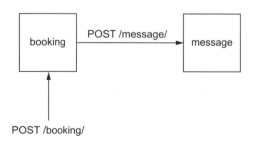

圖 5.7　描述 booking 和 message API 之間關係的模型

> **善用系統知識**
>
> 在這個例子中，我解釋了如何使用 Wireshark 來檢測 booking API 和 message API 之間的關係，但其實，我們可以很輕易地在第二章的初始產品調查中完成這一工作。對系統預先的了解可以幫助我們得出類似於本例中所發現的結論。

知道這種關係的存在，讓我想到了一個新的測試想法，想知道如果 message API 回傳了一個意外的錯誤或是一個不正確的狀態碼，會發生什麼事。不過，我遇到的問題是把這些意外的錯誤和不正確的狀態碼發送到 booking API 上。因此，我需要另一個工具——WireMock 的 API 模擬工具。

WireMock 讓我們可以模擬 Web API 的請求和回應行為，讓我們對 API 之間發送的資訊有更多掌控。我可以使用 WireMock 來模擬 message API 的行為，讓我對 booking API 發送一系列不同的狀態碼。為了做到這一點，我下載了 WireMock 的獨立執行版本（http://wiremock.org/docs/running-standalone/）。下載完成之後，我首先需要終止目前正在執行的 message API，方法是找到它的 PID，然後執行 kill {pid_number}，再用以下命令啟動 WireMock：

```
java -jar wiremock-jre8-standalone-2.28.0.jar --port 3006
```

NOTE

版本號碼可能已經有更新。請確認你使用的是最新的版本。

這樣就可以順利開啟 WireMock，並將該工具設置為 message API 的位置，因為參數 --port 3006 就是 message API 的連接埠編號。WireMock 還建立了一個 mappings 資料夾，我在裡面新增了以下的 JSON 檔：

```
{
  "request": {
    "method": "GET",
    "url": "/message"
  },
```

```
  "response": {
    "status": 400
  }
}
```

設置完後，WireMock 就可以對發送到 GET　/message 的請求回傳 400 回應。我重新啟動 WireMock 來載入這層 mapping。載入完成後，我可以發送一個請求到 POST　/booking/，並觀察當 WireMock 回傳 400 狀態碼時會發生什麼事。我可以用不同的狀態碼或連線錯誤來修改 JSON mapping，如此即可發現一些問題，比如 booking API 會回傳 500 錯誤，但預訂卻會被儲存起來。

小練習

room API 和 auth API 之間也有相似的行為。呼叫 POST　/room 時，會在 auth API 中額外呼叫一次 POST　/auth/validate 來確定是否可以新增房間。請試著用 WireMock 來模擬 auth API，讓模擬的 API 向 room 發送不同的狀態碼。

這兩個例子表明，善用自動化工具，我們可以想像與執行複雜的測試想法，並看看回傳的有趣結果。在做探索性測試時，留意可以使用工具來支持並擴展我們的測試是很有用的。我額外建議除了探索性測試，你可以花一點時間熟悉這些工具，建立自己的測試工具系列以便日後派上用場。

5.3.5　筆記

我們已經探討了辨識和應用不同測試想法的過程，但我們也需要注意，有時候我們發現的東西是需要與團隊分享的。我們很快就會討論分享學習成果的方式，但是分享細節時，我們會需要筆記來協助進行這個過程。

在探索性測試中做筆記是不可或缺的，這不僅是為了交流所學，也是為了幫助我們追蹤測試並刺激新的想法。只要我們確保所做的筆記可以協助追蹤與分享我們的測試，記錄筆記的方式都能自行決定。接下來我將介紹幾種探索性測試人員經常使用的筆記法。

心智圖

首先，我們會探討分析的環節中我所選用的格式。心智圖方法會先設置一個根節點，我會在這個節點上新增該測試環節的章程，然後延伸出不同的分支，這些分支代表不同的探索。這種方法的價值在於，當你發現新的資訊時，它可以被記錄在子節點中，用來強調已經完成的測試和發現的資訊之間的關係。在環節中，我還會把蒐集到的資訊放到心智圖上，並填入問題與測試想法，這些最終會衍生出更多的資訊。心智圖隨著測試自然而然地增長，幫助我追蹤我發現的資訊，並協助辨識出環節的下一步要做什麼。

此外，如果你回過頭看一下我前面提到的測試筆記（http://mng.bz/mOor），會發現這個心智圖是用心智圖軟體來製作的，它可以讓我做以下事情——

- 用不同的顏色來組織不同的思考。

- 凸顯已回答問題的節點（綠色）和需要追蹤的問題節點（黃色）。

- 加上 icon 來凸顯發現的問題，例如程式錯誤。

當我們對測試完成的結果進行總覽時，這些細微的格式非常有用。例如，在快速瀏覽測試筆記時，我們可以看到很多紅色節點，這意味著該環節發現了大量需要解決的潛在問題。

一個對心智圖常見批評是，它不過就是一個換了格式的檢查表。確實，最終記錄完的心智圖很有可能缺乏細節，讀起來就像是一個已經完成的測試清單。善用格式工具（例如用不同的顏色代表不同的事件）來捕捉額外的資訊，並減少每個節點的字數，可以確保我們的心智圖既能捕捉到我們的測試，也能捕捉到我們的思考。曾有人告訴我一個技巧，就是把你的節點控制在三個字以內，以強迫自己思考。

紙與筆

有時在做筆記時，遠離軟體或螢幕會有其好處，這就是為什麼很多人喜歡用紙與筆。就我個人而言，將注意力從螢幕轉到紙筆上，非常有助於將我的思考方式從觀察系統轉換成製造想法。另外，用一支合適的筆來寫筆記，可以給人一種滿足感。

此外，使用紙與筆，可以讓我們在如何寫筆記方面有很大的靈活性。我們可能會選擇使用正式的筆記方法，例如康乃爾筆記法，它將一頁紙分為主要筆記、關鍵字／評論與總結等區域。另一些人可能喜歡更直觀的格式。我們在第二章進行的建模活動就是一種筆記的形式，它可以幫助我們組織思考，並以一種易於分享的視覺媒介來捕捉想法。有些人會更進階的使用素描筆記，善用圖片、icon 與簡短的文字來記錄所進行的測試，這不僅是分享測試內容的好方式，同時也分享了背後的想法與感受。

每種方式都需要良好的記錄習慣與紀律。我們需要確保捕捉細節的平衡。如果細節太多，就會失去對測試的關注，進而導致混亂。如果細節過於模糊，就難以分享學到的東西。此外，建立一種視覺語言，像是用草稿來詳細說明環節期間發生的事情是需要練習的，圖表也需要以日後易於解讀的方式來記錄。

螢幕錄影

最後一個方法就是螢幕錄影，有些人會使用螢幕錄影工具，將整個過程記錄為影片，以便之後可以重播。有些人認為這很有用，因為它不僅準確地捕捉到了所觀察到的情況，而且捕捉到了測試所產生的所有資訊。這有助於涵蓋我們已經注意到的細節，而且還會涵蓋由於「功能固著心理」而沒注意到的所有資訊，功能固著（functional fixedness）心理是一種認知偏誤，意指我們太專注於觀察一個事件而完全忽略了另一個事件。

回顧影片可能會讓我們發現新的細節，而且還可以回顧測試工作。然而，這是一個費力的過程，尤其是當一個環節長達數小時之久。除此之外，它只記錄了螢幕上發生的事情，並沒有捕捉到環節背後的任何思考過程，因此很難審查測試本身的品質。

筆記實驗

找到適合你的筆記法可以為你的探索性測試帶來顯著的變化。理想情況下，我們希望找到一種方法，在測試時不會分散我們的注意力，但也能確保我們捕捉到正確的資訊量，以便之後能和團隊分享。找到適合筆記法的最佳方式就是不斷實驗，所以當你執行不同的探索性測試環節時，嘗試不同的筆記風格，並反思哪些有效或哪些無效。最終你會找到適合你的方法。

5.3.6　知道何時停止

最終，在某個時候，探索性測試的環節必須結束。但我們如何確定停止的時間點？我們在環節中的目標是在合理的範圍內盡可能多了解與我們建立的章程有關的資訊。但這取決於我們是否覺得已經捕捉到了所有能找的相關資訊。為了幫助我們確定什麼時候算完成，我們可以採用一些技巧或觀察一些線索來協助做出停止的決定。

沒有更多的測試想法

我們前面討論過，在刻意運用啟發法產生其他測試想法之前，我們已內化的啟發法就會自然產生一些測試想法，從而開始一個測試環節。但是，這些啟發法總會有不再產出新想法的時候。常見的跡象是發現自己無法集中精神而使得思緒有點飄移，或是發現自己一直在重複同樣的測試想法（也許有稍微改變）。通常這是一個跡象，表示我們已經用盡了想法，不會再想出更多的點子，這種狀態是正常的。記住，我們不可能測試所有的東西，因此，停止是可以接受的。正如我們將要討論的，在環節之後應該要有反思測試的機會，反思有可能會帶出新的想法。如果有，我們只需要再執行一次環節即可。

疲憊

探索性測試對注意力有很高的要求，在某些時候，我們會開始變得遲鈍。疲憊或低能量感通常是象徵停止的跡象。即使我們覺得還有更多的事要做，但如果我們感到疲憊，就有可能在觀察中錯過一些東西，就如同「沒有更多的測試想法」的情況一樣。這時應該停下來、反思，之後再進行更多的測試，這是可以的。我們可以隨時使用之前環節使用的測試筆記，當作未來測試的輔助工具。

時間盒

時間盒（Timebox）有幾個好處。首先，它可以將環節整理成可管理的時間區塊，讓我們得以在環節中定時休息來保持新鮮感，從而消除疲憊感。如果能用的時間很短，它們還能使我們管理並安排環節的優先順序。時間盒在基於環節的測試管理（session-based test management，SBTM）中是一個廣受推崇的方法，它是一種管理探索性測試環節的技術，由 James 和 Jon Bach 提出（http://mng.bz/PnY9）。時間盒指的是一段固定長度的時間，外加一段可以自由調整的時間，讓我們能夠完成整個環節，這些環節可以被分配到大、中、小的時間盒。例如，一個中等時間盒可能是一個小時，外加十五分鐘的時間。其用意在於，假設我們已經花了一小時進行，若想要再繼續測試 15 分鐘，那麼我們就可以選擇繼續。這樣可以給自己一個完成的時限，又能在停止工作時仍有一些餘裕時間。同樣地，如果我們沒有完成該環節，我們可以選擇繼續執行。

偏離章程

最後，我們有可能會發現自己沒有在環節中「遵守章程」，這意味著我們探索的部分不再與環節的預期章程有關。這可能是因為我們被另一個功能所吸引，或者我們發現了其他值得探索的問題。我們偏離章程的程度是彈性的，因此在環節中偏離章程幾次是很常見的。例如，在我的環節中，我在筆記上記錄了我有哪些偏離章程的工作，如圖 5.8 所示。

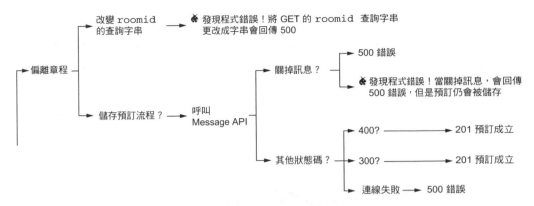

圖 5.8　測試筆記描述了我們認為是偏離章程的活動

我們不需要在偏離章程時停下。事實上，我們只需要接受環節的目的已經被這個新的焦點所取代了。不過有時候停下來、退一步查看，反思我們正在探索的這個新領域，並把它作為一個新的探索章程來記錄，這也是明智的做法。

5.3.7　執行你的探索性測試環節

這些就是探索性測試的使用範例。到目前為止，我們已經認識了探索性測試過程中的許多面向，最好的方法是透過練習來加深理解。這邊提供一個小練習，請用你在本章前面取得的章程，以章程作為指引進行探索性測試。試著完成以下工作：

- 用不同的啟發法來激發測試想法

- 用不同的工具來協助你探索 API

- 用不同的筆記方式

5.4　分享你的發現

環節結束之後，重要的是要找時間與其他人分享環節中的發現。只有當團隊知道這些資訊，並使用這些新知識來幫助他們計劃下一步行動時，我們所發現的資訊才有價值。

結束探索性測試環節和分享資訊的一個常見方式，是與我們團隊的其他成員進行匯報（debrief）。在測試筆記的協助下，我們有機會在匯報時分享更多的細節，例如：

■ 該環節的重點是什麼？

■ 進行了哪些測試？

■ 發現了哪些問題？

■ 環節之間出現了哪些阻礙測試的因素？

■ 我們是否遵守了章程？

■ 是否需要更多的環節？

這些只是我們在匯報時可以討論的幾個主題，因為對話的本質使我們可以說明環節的情況，就像我跟你分享我的探索性測試環節的部分內容一樣。

匯報的另一個好處是，我們也有機會對測試的品質進行反思。我們可以討論潛在的差距和錯失的機會，並辨識出需要改進的地方，這意味著我們透過分享成為一位探索性測試者。匯報的結構如何，完全取決於參與的個人。它可以遵循一系列結構化的問題清單，或者也可以是一個時間盒為十分鐘的非正式聊天。重要的是，藉由分享我們所學，我們可以協助團隊反思我們所打造的產品品質，並在需要時做出改變。

小練習

找一個同事，與他們分享你在進行探索性測試時的發現。分享你學到的細節，想到的測試類型，以及你對測試品質的反思。鼓勵你的同事提問，以便更深入了解你的測試。一旦完成，反思你所分享的內容，以及它如何幫助你理解這些測試的價值。

5.5 探索性測試作為策略的一部分

James Lyndsay 在他的論文〈Exploration and Strategy〉中首次建立了這個模型，我們將利用這個模型來更好地理解測試策略。他用它來解釋腳本測試和探索性測試如何辨識不同的風險。他還解釋了兩者是如何被要求建立一個成功的策略。

為了更好地理解這一點，請記住本章開始時的活動，我們遵循一個腳本，探索一個空間，然後比較我們對兩者所了解的差異。第一個遵循一套指示的任務，模擬一個測試腳本，讓個人專注於特定的指示，這些指示帶有期望和已經擁有的知識。用我們在第一章中的測試模型來說明這個問題，測試腳本只關注想像和實作的重疊部分，如圖 5.9 所示。

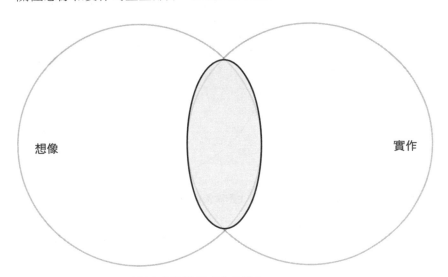

圖 5.9 模型展示了測試腳本在測試策略中的重心

測試腳本要求我們對系統的期待有一定的了解。測試腳本的一個常見來源是需求，這就是為什麼它們只關注想像與實作重疊部分的原因，因為實作就是來自於測試腳本使用的需求。例如，如果一個需求寫出一個表單應該接受有效的電話號碼，這就是將被開發的內容，也會是測試腳本將測試的內容——

檢查有效的電話號碼，僅此而已。而這就是我們第一個活動中出現的情況；收到腳本者專注於我們的指示，而忽略了周圍的其他細節。

正如我們在圖 5.9 中所看到的，這種方法的問題是它留下了很多未被測試的東西。對於我們的電話號碼欄位，我們可能會想測試其他有效的電話號碼格式、無效的數字、字母和符號、不同範圍的數字、字元溢位、重複提交等情況。我們的產品具有一定的複雜度，以至於我們需要探索預期之外的區域，以了解產品中實際發生的情況，如圖 5.10 所示。

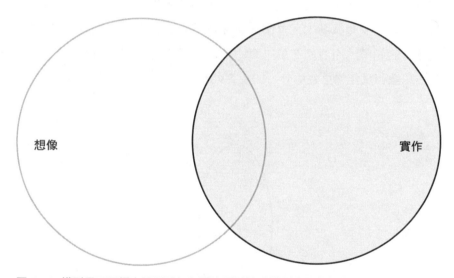

圖 5.10　模型展示了探索性測試如何關注測試策略模型中的整個實作部分

在這一章中，我們已經了解到探索性測試如何幫助我們擴大調查，了解應用程式是如何超出我們的預期。因此，一個好的策略可以同時從腳本測試和探索性測試中受益。正如我們在下一章中將會看到的，我們的測試腳本可以成為自動化的優秀選項之一，因為測試腳本在本質上往往是經過精心安排的。但是，為了真正了解我們的應用程式是如何運作的，在建立策略時，我們希望能夠給我們的團隊機會來進行有目的的探索，同時確保有足夠的空間讓探索能提供最大的價值。

總結

- 章程（charter）是簡短、具體、可衡量的目標，用來指導我們的探索性測試。

- 章程是探索各個系統風險的目標聲明。

- 我們可以使用不同類型的章程模板來打造我們的章程。

- 章程在探索性測試過程中被執行，並且我們可以設定多個探索性測試環節來探索章程。

- 章程可以用來協助我們整理要進行的探索性測試，並表示我們的測試進度。

- 我們使用啟發法（heuristics）來幫助我們有意無意地產生測試想法。

- 測試準則（oracle）是一種判別我們所觀察到的事物是否為問題的方法。

- 我們可以使用許多不同類型的測試準則。

- 我們可以使用軟體來幫助擴展我們的探索性測試。

- 寫筆記是探索性測試中重要的一環，我們可以使用很多方法來寫筆記。

- 觀察你在測試時的行為。如果你的精力或想法耗盡，可能代表應該停止。

- 透過匯報（debrief）的方式，分享我們在探索性測試環節中學到的東西是非常重要的。

自動化 Web API 測試

本章涵蓋

- 自動化可以做什麼、不能做什麼
- 自動化可以協助減少的風險
- 如何讓 API 測試自動化
- 如何建立一系列自動化 API 檢查

Global Market Insights 的資料提到 2019 年「測試自動化市場」價值 190 億美元，並且預測到 2026 年前可能增長到 360 億美元，這反映了自動化測試的需求。隨著團隊被期待提供更快、更複雜的產品，實作自動化測試更被視為作測試策略的一環。可惜的是，這種對自動化的一頭熱伴隨了許多它能實現什麼與它的價值的誤解，這有可能會誤導團隊對他們交付的產品及品質產生錯誤的安全感。

不過，問題不在於工具本身，而在於我們認為工具能如何使用。當我們正確使用自動化時，它可以成為團隊測試策略的主要資產。但我們需要知道在測試策略中使用自動化的局限性和優勢，以及了解如何以一種乾淨且可維護的方式實現自動化。因此在這一章中，我們將首先討論如何從自動化中獲得最大價值，然後再探討如何實現我們自己的自動化。

6.1 從自動化中獲取價值

如同前一章提到的探索性測試，我們可以在測試中以許多不同的方式應用自動化。但是我們在測試領域中所討論的通常是指**自動化回歸測試**（automated regression testing），這是一種讓機器執行測試集的活動，每個測試的結果報告會以通過（pass）或失敗（fail）來表示，以檢測可能使產品品質倒退的潛在問題。在本章中，我們將探討如何建立對我們有價值的自動化回歸測試。要做到這一點，我們需要考慮兩個挑戰：

1. 挑選正確的任務來實現自動化

2. 以可靠且易於維護的方式實現自動化

我們很快就會談到第二個挑戰，但首先讓我們來挑選正確的任務，因為如果你自動化錯誤的任務，那麼你的自動化程式再好也沒有用。

6.1.1 自動化的幻覺

測試自動化的誘惑非常大。畢竟，讓機器替我們做測試，會讓人聯想到更快的交付，更高的生產力，以及減少昂貴的「手動」測試（我最近看到一個娛樂性質的線上研討會，名為「QA 退休聚會」，我希望它只是在開玩笑！），但現實很可能截然不同。自動化需要大量的前期投資。當團隊試圖修復不可靠的自動化時，它可能會拖慢團隊的速度，最糟糕的是，它可能會讓團隊對建構中的產品品質有所誤解。

這並不是說自動化沒有價值，它確實有其價值。但是很多時候，我們討論自動化測試，都會預設個人做的測試和工具做的測試之間存在著一對一的關係。舉個例子，想像我們已經建立了一個自動化測試，需要檢查一個網站的主頁（不是 API，但它有助於說明問題）。該頁面有一個行動呼籲（call to action），顯示了下一個可以報名的培訓活動，如圖 6.1 所示。

檢查是否能看見的網頁元素

圖 6.1　一個 CSS 有正常運作的網頁案例，顯示了我們想檢查的事件細節

我們設定自動化測試會打開瀏覽器、載入主頁，並在瀏覽器中找到一個類別為 `next-training-label` 的元素。如果該元素存在並顯示出來，那麼自動化測試就通過了。如果它不存在，就失敗。現在讓我們想像一下，我們再次執行這個自動化測試，但是這次，瀏覽器以不同的方式渲染了頁面，如圖 6.2 所示。

作為一位測試者，在比較圖 6.2 和圖 6.1 時，我們可以很自然地看到有些地方不對勁，頁面的品質不如預期。誰會願意在一個破舊醜陋的網站購買培訓課程呢？然而，自動化測試仍然會通過。（題外話：視覺測試工具可以用來解決這個案例，但我們的重點是自動化工具能做什麼）。

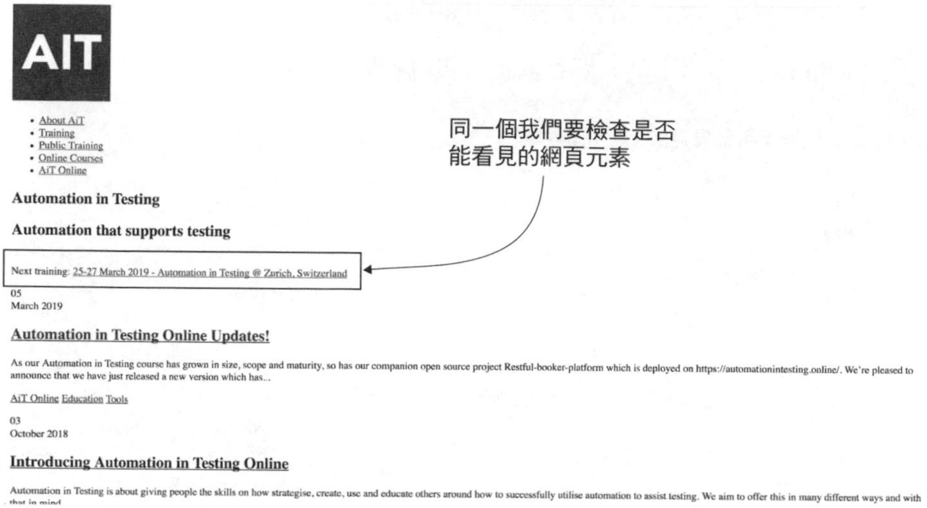

同一個我們要檢查是否
能看見的網頁元素

圖 6.2　一個 CSS 沒運作的網頁案例，它仍然顯示了事件的所需元素，儘管格式不太完美

這是否意味著人類比機器更好？並非如此。自動化工具非常善於依據我們設定的明確指令，以一致的方式給我們快速反饋。但我們得到的是預料中的反饋，僅此而已。由測試者來進行的測試可能更慢且更難以確定的方式重複，但是測試者察覺模式的能力往往是很厲害的，我們會同時有意無意觀察許多事情，這是使我們在測試上如此出色的原因。自動化只會告訴我們所要求的東西，不會再顯示更多。

檢查與測試

為了幫助釐清自動化測試和人類所做的測試之間的區別，有一些人（包括我自己）喜歡將這兩種活動區分為「檢查」（checking）與「測試」（testing）。機器根據我們設定的明確步驟提供反饋，因此我們稱之為「檢查」，而測試者使用啟發法、直覺、測試準則等等的方法，則稱之為「測試」。為了幫助我們區分本章後面要做的事情，我將開始使用「檢查」（checking）和「檢查項目」（checks）這兩個術語。但無論如何，只要我們理解人類和機器為測試策略帶來的差異，我們怎麼稱呼它並不重要。

當一個團隊選擇「單一」的測試策略時，像是盡可能進行許多自動化測試，這就會變成一個問題。儘管自動化可能會「測試」地更快，但會失去豐富的反饋與觀察。自動化測試會為了速度和效率而犧牲了我們需要的資訊品質。同樣地，這並不代表自動化是不好的，但單純只是理解工具的設計只會提供我們明確要求的反饋，我們其實可以善用自動化測試。我們可以將自動化與其他測試活動結合使用，以平衡我們在測試中收集的資訊的品質與自動化的速度和效率。

6.1.2　將自動化視為變化偵測器

Michael Bolton 於 2012 年的〈Things Could Get Worse: Ideas About Regression Testing〉研討會中分享了對回歸測試的想法，並提出了一個有趣的難題。通常情況下，回歸測試（不管它是否是自動化的）被視為一種尋找導致產品品質退步問題的活動。然而，如果「品質」本身是浮動的，而且品質是由使用者和他們的期望與需求決定，那麼回歸測試階段的通過或失敗，真的有告訴我們品質是否退步了嗎？這不是該由使用者來決定的嗎？

Michael 提出我們所做的測試（或自動化檢查）並不是決定品質是否有退步的因素，我們對結果的詮釋才是。如果將這種思維運用到自動化回歸檢查中，它顯示了測試者與自動化之間的共生關係。自動化檢查就像 Michael 所提到的變化偵測器，當偵測到一個變化時，我們才來確認這個變化是否造成了品質的下降。

把自動化檢查理解為變化偵測器是很重要的，因為它有助於框定我們可能想要自動化的內容。我們的目標是將自動化檢查作為系統發生變化的指標，而不是試圖將每個 API 端點的路徑或排列組合都自動化，理想情況下，我們希望將這些指標放在系統中最重要的地方。這可以幫助我們專注於自動化的內容，但我們又要如何確定最重要的部分呢？

6.1.3 讓風險成為指南

理解這種將自動化檢查視為變化偵測器的思維，有助於我們思考想要檢查的內容。我們可以建立一個覆蓋率模型，它將針對我們最關注的領域提供反饋。比起使用程式覆蓋率或需求，抑或是自動化前人留下的測試案例，風險更適合指導自動化的順序。例如，我們回過頭來看 booking API，可能會辨識出一系列的風險，比方下面這些：

- **預訂請求無法收到回應**—建立一個檢查，發送一個預訂請求以確認我們是否能收到一個正確的回應。

- **預訂的負載沒有被正確剖析**—建立一個檢查，用預期內的有效值發送一個預訂，看看是否會回傳一個正確的回應，或者收到錯誤。

- **刪除預訂的狀態碼不正確**—建立一個檢查，新增一個預訂並用正確的憑證進行刪除，以確認回傳的是刪除後的狀態碼。

一旦辨識出了這些風險，我們即可開始依據關注的程度進行排序。例如，我們可能會判斷反饋的不一致，跟無法建立房間比起來，是一個我們沒那麼擔心的風險。然後，風險的順序（以及提出的解決方案）就成為我們待辦清單上的任務，也就是哪些檢查需要自動化。依照這個流程，我們首先識辨識並自動化最為關鍵的變化偵測器，並確保建立的自動化對我們有價值。

單元檢查（Unit checking）與 TaTTa

儘管我們將研究如何建立自動化的 API 檢查，但作為 API 測試策略的一環，探討單元檢查是必要的。自動化 API 檢查當然有其價值，但是如果你有能力將檢查推行到「更底層」之處，使它們成為單元檢查，那你應該這樣做。我發明了一種方法，可以幫助確定某些東西應該寫在 API 層還是單元層——我問自己，我是在測試 API 還是透過 API 測試（testing the API or testing through the API，簡稱 TaTTa）？例如，如果我的重點是關於錯誤數值被輸入時，回傳正確狀態碼的風險，我可能是在測試 API。然而，如果我正在測試一個稅務的計算細節，我可能是透過 API 來測試，也就是使用該 API 作為切入點來進入我的 API 內部程式碼，這最好要用單元檢查。

小練習

從 API 沙盒中挑選一個 `booking` API 的端點，寫下你認為可能影響該端點的風險清單。一旦你有了清單，將其排序並寫下你將如何檢查，以確保該風險不會出現在沙盒中。我們將在本章後頭回到這個清單中。

6.2 設置 Web API 自動化工具

我們已經討論了成功的自動化背後的思維和理論，現在讓我們把它付諸實踐。我們將關注以下三個風險，並研究如何設置和實現自動化 API 檢查：

- `GET /booking/` 每次都能回傳正確的狀態碼。

- `POST /booking/` 每次都能成功建立一個預訂。

- `DELETE /booking/{id}` 每次都能成功刪除一個特定的預訂。

我們的第一步是讓自己建立起框架所需的依賴關係，接下來是概述我們如何建構框架，以確保建立寫得好且有價值的自動化。

API 檢查模型

本章後面的部分，我們將使用 Java 語言來開發 API 檢查。然而，如何安排 API 檢查程式碼的基本原則可以適用於任何程式語言。因此，我鼓勵你繼續閱讀下去，認識如何實現 API 檢查自動化，以便更好地理解如何安排它們，使它們更易於閱讀與維護。此外，你可以前往 https://github.com/mwinteringham/api-framework/ 看看這種模式是如何應用在不同的程式語言中。

6.2.1 依賴關係

針對這個專案，我們將使用 Maven 來處理依賴的函式庫與封包。因此，我們首先建立一個新的 Maven 專案，並在 POM.xml 中加入以下程式碼，以設定基本框架：

```
<dependencies>
    <dependency>
        <groupId>org.junit.jupiter</groupId>
        <artifactId>junit-jupiter</artifactId>
        <version>5.7.1</version>
    </dependency>
    <dependency>
        <groupId>io.rest-assured</groupId>
        <artifactId>rest-assured</artifactId>
        <version>4.3.3</version>
    </dependency>
    <dependency>
        <groupId>com.fasterxml.jackson.core</groupId>
        <artifactId>jackson-databind</artifactId>
        <version>2.12.2</version>
    </dependency>
    <dependency>
        <groupId>com.fasterxml.jackson.core</groupId>
        <artifactId>jackson-core</artifactId>
        <version>2.12.2</version>
    </dependency>
    <dependency>
        <groupId>com.fasterxml.jackson.datatype</groupId>
        <artifactId>jackson-datatype-jsr310</artifactId>
        <version>2.11.4</version>
    </dependency>
</dependencies>
```

新增並匯入這些函式庫後，我們就有了建立一個基本 API 自動化框架所需的一切。我們快速認識一下每個函式庫，以便幫助了解它對整個框架的貢獻。

JUnit

如果你有在 Java 中做過任何類型的單元檢查，你可能很熟悉 JUnit。然而，如果你不太認識，或者對它在 API 自動化的使用有點疑問，基本上，JUnit 是一個組織和執行程式碼的工具。

更具體地說，我們將使用 @Test 標註來組織我們的檢查，並使用內建的斷言（assertion）來檢查回傳的回應結果。

REST Assured

REST Assured 負責建立和執行 HTTP 請求並剖析 HTTP 回應，我們可以將其視為框架的「引擎」。許多 Java 依賴關係存在讓我們得以建立 HTTP 請求和剖析回應，不過我們將使用 REST Assured，改用別的工具（例如 Spring 或 java.net.http）也很容易上手，不會影響到自動化檢查。

換句話說，我們使用 REST Assured 是因為它很簡便與建立請求時很清楚易懂。你可以在 https://rest-assured.io/ 更了解 REST Assured。

Jackson

最後則是 Jackson。其三個相依封包──`databind`、`core` 和 `datatypejsr310` 能幫助我們將 POJO（普通的 Java 物件）轉換為 HTTP 請求的 JSON，當我們收到 HTTP 回應中的 JSON 時，又轉換為可用的物件。

其他函式庫？

這五個函式庫為我們提供了建立和執行基礎 API 自動化框架所需的一切。一旦我們結束了這一章，你可能會開始思考如何擴展你的框架。有可能是想改進框架產出的報告，擴展斷言以處理更大的回應本體，或者減少使用程式庫中的模板。這些選項都有可能，但我們需要先學會走路，再學跑步。

6.2.2 建立框架

要讓自動化失敗的最好辦法，就是打造一個難以維護或閱讀的自動化框架。重點是記住，自動化的本質就是程式碼。我們如何維持止式環境中程式碼的整潔、易讀和易於維護，就應該用同樣的技巧和方法來處理自動化程式碼。在建立了大量的 API 自動化與研究了自動化的模式，例如 UI 自動化中的 Page Object 模型，我發現圖 6.3 所示的框架結構是最有效的。

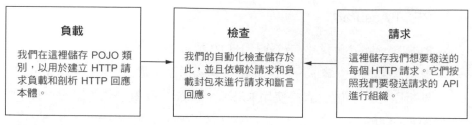

圖 6.3 顯示 API 檢查框架中三個核心區塊的關係模型

讓我們一一細分這些區塊，分別解釋它們在框架中的作用。

檢查（Checks）

這是我們建立與組織檢查的地方，如同我們在大部分自動化框架中所進行的一樣。然而，在框架中這部分的目標是使自動化檢查盡可能的容易閱讀。了解自動化檢查的意圖是很重要的。如果你不知道它做了什麼，你怎麼知道它是真的通過了還是失敗了？

我們將建立資料以及發送 / 接收 HTTP 請求與回應的動作放到框架的其他區塊，並確保任何被斷言的資料或動作都在這個區域進行。如果我們有良好的命名方法、物件和斷言，其他人會更容易理解我們檢查的重點是什麼。

考慮到這一點，我們將新建一個名為 com.example.check 的封包，用來存放我們自動化檢查的程式碼。

請求（Requests）

我在框架中會看到一個常見模式：維護 API 自動化框架的人沒有將 HTTP 請求抽象為獨立的區域。隨著自動化檢查數量的增加，導致了各種令人頭痛的問題。例如在一千多個檢查中更新一個 URL 就會有點浪費時間。

所以在請求封包中，我們按照所請求的 Web API 來組織類別。每個請求都會有自己的方法，我們會在框架的檢查區域中進行呼叫。這樣一來，如果我們要更新一個 URL，只需要在一個地方進行修改。

為了建立框架的這一個區塊,我們將建立一個額外的 `com.example.requests` 封包。我們會將自動化過程中新增的請求類別放於此處。

負載（Payloads）

許多 Web API 處理複雜請求與回應的模型,導致了大量的 POJO 類別。這個區塊的目的是建立一個地方,依據這些類別是否用於請求或回應的負載,將其乾淨地組織起來,並根據你所請求的 API,將其整理到自己的區域。

對於此框架的區域,我們先建立一個名為 `com.example.payloads` 的封包。然後我們可以選擇在這些封包中按照特定的 API 來安排 POJO 類別。

在看完框架的依賴和架構後,我們就會有一個類似於圖 6.4 的專案架構。

圖 6.4　來自 IntelliJ 的 API 檢查框架的專案佈局

6.3　建立自動化的 API 檢查

現在我們已經設置好了,可以開始為選出的三個風險建立自動化檢查。

6.3.1　自動化檢查一：GET 請求

對於第一個自動化檢查,我們將向 https://automationintesting.online/booking/ 發送一個 GET 請求,並斷定我們得到的狀態碼會是 200。

建立一個空白檢查

首先，我們需要建立一個類別來存放檢查。在 com.example.check 封包中，建立一個名為 BookingApiIT 的類別。建立後，我們將要建立第一個空白檢查，如下：

```
public class BookingApiIT {

  @Test
  public void getBookingSummaryShouldReturn200(){

  }

}
```

如果你不熟悉 JUnit，@Test 標註會通知 JUnit（以及你的 IDE）getBooking ShouldReturn200 方法是一個可以執行的檢查。這為我們要執行的檢查提供了骨架，但現在我們需要一些實際的內容來執行。

建立一個 GET 請求

建立了檢查之後，我們將賦予這個檢查發送和接收 HTTP 請求和回應的能力。我們首先在 com.example.requests 中建立一個名為 BookingApi 的新類別。

在我們開始將程式碼寫進新類別之前，先暫停一下，我們先來簡短說明如何在請求封包內命名類別。命名規則取決於測試程式碼是負責測試一個 Web API 還是多個 Web API。採用的規則如下：

- **只有一個 API**—以資源的名字來命名類別。例如，Ghost CMS API 是一個有多種資源的 API（https://ghost.org/docs/content-api/），所以我們可以按照資源來安排類別，例如文章、頁面與標籤。

■ **多個 API**─以每個 Web API 來命名類別。例如，restful-booker-platform 中的 API 有 `booking`、`auth`、`room` 等等。每個 API 中就可以有自己的類別。

我發現這樣可以幫助我很好地分離請求，讓程式碼更容易閱讀。建立了 `BookingApi` 類別之後，我們現在可以新增以下程式碼：

```
public class BookingApi {

    private static final String apiUrl =
    ➡ ."https://automationintesting.online/booking/";        宣告
                                                              基本網址

    public static Response getBookingSummary(){              發出 GET
        return given().get(apiUrl + "summary?roomid=1");    請求
    }

}
```

`apiUrl` 確保如果在未來需要更換基本網址與 `/booking/`，它可以從一個地方控制。或者，如果我們有多個環境，這可以使用環境變數來控制。

`getBookingSummary` 方法包含來自 REST Assured 的程式碼，用於發送請求。正如你看到的，`get()` 方法為我們做了許多繁重的工作。REST Assured 透過向 `get()` 提供一個 URL，建立了向 Web API 發送基本 GET 請求所需的一切。`given()` 方法除了套用 Given-When-Then 格式為自動化測試增加可讀性之外，實際上什麼都沒做。如果你不熟悉這種語法，也不用太擔心──我們只在必要時使用它。

最後，一旦請求送出完成，REST Assured 將回傳一個 `Response` 物件，我們可以檢查該物件以了解 Web API 如何回應我們的請求。

隨著 `getBookingSummary` 方法的建立，我們現在可以把它和一個斷言一起新增到檢查中，如下所示：

```
@Test
public void getBookingSummaryShouldReturn200(){
    Response response = BookingApi.getBookingSummary();

    assertEquals(200, response.getStatusCode());
}
```

現在我們的檢查使用 getBookingSummary 向 /booking/ 發送一個 GET 請求，並收到一個 Response 物件，我們使用 getStatusCode 擷取狀態碼，以斷言它是否為我們期望的 200 狀態碼。

執行至此，我們應該會看到一個通過的結果，並確認它反饋了正確的資訊；我們可以將狀態碼更新為一個不同的數字，並觀察自動化檢查結果失敗。

6.3.2 自動化檢查二：POST 請求

對於下一個自動化檢查，我們將發送一個含有效的負載的 POST 到 https://automationintesting.online/booking/，預期會回傳 201 狀態碼。

設定一個新的空白檢查

新增一個檢查到 BookingApiIT 類別，如下所示：

```
@Test
public void postBookingReturns201(){

}
```

建立一個 POJO

在發送 POST 請求前，我們需要設定期望在 Web API 中看到的 Booking 負載。為了幫助我們回想建立負載需要哪些內容，這裡提供一個 JSON 負載的範例：

```
{
    "roomid": Int
    "firstname": String,
```

```
    "lastname": String,
    "depositpaid": Boolean,
    "bookingdates": {
        "checkin": Date,
        "checkout": Date
    },
    "additionalneeds": String
}
```

為了建立負載，我們將建立一個 POJO，其結構與 JSON 物件相同。然後，建立一個 POJO 的實例並將其發送到請求函式庫。

首先，我們在 com.example.payloads 封包中新增兩個新的類別，分別為 Booking 和 BookingDates。然後在建立的類別中打開 BookingDates 類別並加入以下內容：

```
public class BookingDates {

    @JsonProperty                          將變數宣告為
                                           JsonProperty
    private LocalDate checkin;             宣告
    @JsonProperty                          該變數
    private LocalDate checkout;

                                           Jackson要求的
    public BookingDates() {}               預設建構子

    public BookingDates(LocalDate checkin, LocalDate checkout){
        this.checkin = checkin;
        this.checkout = checkout;          用來建立負載
    }                                      的自訂建構子

    public LocalDate getCheckin() {
        return checkin;                    提供給Jackson
    }                                      使用的getter

    public LocalDate getCheckout() {
        return checkout;
    }

}
```

讓我們把這段程式碼中發生的事情分解如下：

1. 我們宣告變數，確保每個變數的名稱能對應到 JSON 物件中的鍵
（key）。例如，我們可以看到 Booking 物件中的入住日期被標記為
checkin，這就是變數名稱。此外，我們確保變數的資料型態與我們想在
JSON 物件中使用的資料型態一致。

2. 接下來，我們在每個變數上方提供標註 @JsonProperty。這使得 Jackson
能夠知道當 POJO 被轉換為 JSON 物件時，哪些變數將被轉換為鍵 - 值對
（key-value pairs）來滿足請求。

3. 我們建立了兩個建構子，一個允許我們為變數賦值，另一個是空的，這
部分我們將在下一個自動化檢查時更深入探究。

4. 最後建立 getter 方法，Jackson 將會使用這個方法來取出被指定給每個變
數的值，將其作為 JSON 物件中的值。

建立了 BookingDates 子物件，我們在 Booking 類別中新增以下內容，重複
主要預訂物件的流程：

```
@JsonIgnoreType
public class Booking {

    @JsonProperty
    private int roomid;
    @JsonProperty
    private String firstname;
    @JsonProperty
    private String lastname;
    @JsonProperty
    private boolean depositpaid;
    @JsonProperty
    private BookingDates bookingdates;
    @JsonProperty
    private String additionalneeds;

    // default constructor required by Jackson
    public Booking() {}
```

```java
    public Booking(int roomid, String firstname, String lastname, boolean
     depositpaid, BookingDates bookingdates, String additionalneeds) {
        this.roomid = roomid;
        this.firstname = firstname;
        this.lastname = lastname;
        this.depositpaid = depositpaid;
        this.bookingdates = bookingdates;
        this.additionalneeds = additionalneeds;
    }

    public int getRoomid() {
        return roomid;
    }

    public String getFirstname() {
        return firstname;
    }

    public String getLastname() {
        return lastname;
    }

    public boolean isDepositpaid() {
        return depositpaid;
    }

    public BookingDates getBookingdates() {
        return bookingdates;
    }

    public String getAdditionalneeds() {
        return additionalneeds;
    }

}
```

我們可以看到，模式是一樣的。建立與 JSON 物件中的 key 互相匹配的變數，
為每個變數新增 @JsonProperty，並建立所需的建構子與 getter。我們還在
類別的頂部新增了 @JsonIgnoreType，它將在下一次檢查中使用，所以要
確保它有被寫上，但現在我們可以先忽略它。另外，注意到我們是如何使用
BookingDates 類別中一個 BookingDates 子物件的。這就是我們如何藉由建

立類別之間的關係，來建立複雜的 JSON 負載，這些關係符合 JSON 物件和子物件之間的關係。

最後，POJO 建立之後，我們可以更新檢查來建立我們想在請求中發送的負載：

```
@Test
public void postBookingReturns201(){

    BookingDates dates = new BookingDates(
        LocalDate.of( 2021 , 1 , 1 ),
        LocalDate.of( 2021 , 1 , 3 )
    );

    Booking payload = new Booking(
        1,
        "Mark",
        "Winteringham",
        true,
        dates,
        "Breakfast"
    );
}
```

這樣提供了我們所需要的一切，以最直接的方式用 Java 來建立負載。如果我們想讓這一切看起來更清楚，可以使用像 Lombok 這樣的工具來減少 POJO 中存在的模板程度。或者你可以使用資料建造者（builder）模式，來建立一個更可讀並抽象的方法來建立你的 POJO。

重複使用正式環境中的 POJO？

對於一些人來説，POJO 這個主題一定不陌生。POJO 被廣泛用於 Web API，因此也產生了一個疑問：為什麼我不能直接使用它們，而要重複寫同樣的 POJO？這個問題沒有正確答案，但它存在著一個取捨問題。是的，重複使用你正式環境中的 POJO 確實能節省時間，減少要去保持最新 POJO 的維護。然而，它也在你的測試中引入了偽陽性的風險。雖然不常見，但在重用正式程式碼時，就有可能在 POJO 中引入一些問題，這些問題在執行測試時不會被標記出來。畢竟，如果你不小心省略了 POJO 的某個重要部分或是命名錯誤，使用相同的模型來建立你的測試負載時，將會建立出一個永遠都會被接受的 POJO。

建立請求

有了負載，我們可以在 `BookingApiclass` 中建立 **POST** 請求，看起來會像這樣：

```
public static Response postBooking(Booking payload) {
    return given()
            .contentType(ContentType.JSON)        ← 宣告
                                                     Content-Type 標頭
            .body(payload)     ← 新增請求
            .when()              本體
            .post(apiUrl);
}
```

我們擴大了 **REST Assured** 的使用，透過 `contentType()` 提供了一個內容類型的標頭，並使用 `body()` 傳遞負載。這邊我們再次在請求完成後回傳一個 `Response` 物件。

有了請求程式碼，我們可以更新檢查來發出如下的請求：

```
@Test
public void postBookingReturns201(){

    BookingDates dates = new BookingDates(
        LocalDate.of( 2021 , 1 , 1 ),
        LocalDate.of( 2021 , 1 , 3 )
    );

    Booking payload = new Booking(
        1,
        "Mark",
        "Winteringham",
        true,
```

```
        dates,
        "Breakfast"
    );

    Response response = BookingApi.postBooking(payload);
}
```

斷言回應

剩下的就是在最後新增斷言，檢查回傳的狀態碼是否為 201，如下所示：

```
@Test
public void postBookingReturns201(){

    BookingDates dates = new BookingDates(
        LocalDate.of( 2021 , 1 , 1 ),
        LocalDate.of( 2021 , 1 , 3 )
    );

    Booking payload = new Booking(
        1,
        "Mark",
        "Winteringham",
        true,
        dates,
        "Breakfast"
    );

    Response response = BookingApi.postBooking(payload);

    assertEquals(201, response.getStatusCode());
}
```

當然，我們還可以對 Web API 回應的其他層面進行斷言，例如檢查回應本體是否包含預期的值。然而，這需要我們做一些額外的工作來剖析回應——我們將在最後的自動化檢查中學到這部分。

6.3.3 自動化檢查三：整合請求

在我們最後的檢查中，我們要來看看如何刪除一個預訂，這需要幾個步驟：

1. 步驟一：建立一個預訂。

2. 步驟二：獲得一個驗證 token，允許我們刪除一個預訂。

3. 步驟三：使用該 token 和預訂 ID 來刪除預訂。

為了實現這個目標，我們不僅需要能夠建立請求負載，還需要能夠剖析回應本體負載，以便之後使用。

建立初始檢查

讓我們開始在 BookingApiIT 內建立一個新的檢查，像這樣：

```
@Test
public void deleteBookingReturns202(){

    BookingDates dates = new BookingDates(
        LocalDate.of( 2021 , 2 , 1 ),
        LocalDate.of( 2021 , 2 , 3 )
    );

    Booking payload = new Booking(
        1,
        "Mark",
        "Winteringham",
        true,
        dates,
        "Breakfast"
    );
}
```

正如這個自動化檢查的步驟 1 中提到的，我們需要建立一個最終將被刪除的預訂。我們已經建立了檢查，並新增了初步的工作，以建立預訂請求的負載，這個負載是使用之前檢查中建立的 **POJO** 和請求方法。

建立一個 POJO 來剖析回應

要刪除預訂，需要將預訂的 ID 來傳遞給刪除請求。如果我們看一下一個成功
建立預訂的回應本體，我們可以看到它回傳一個預訂的 ID：

```
{
    "bookingid": 1,
    "booking": {
        "roomid": 1
        "firstname": "Jim",
        "lastname": "Brown",
        "depositpaid": true,
        "bookingdates": {
            "checkin": "2018-01-01",
            "checkout": "2019-01-01"
        },
        "additionalneeds": "Breakfast"

    }
}
```

這意味著我們必須把回應從 JSON 剖析成 POJO，並可以利用查詢來取出有
效預訂的 ID。幸運的是，大部分的工作已經完成了，因為 booking 底下的
物件與我們用來建立請求負載是同一個模型。這意味著我們需要做的是在
com.example.payloads 中建立一個名為 BookingResponse 的新類別，並新
增以下內容：

```
public class BookingResponse {

    @JsonProperty
    private int bookingid;
    @JsonProperty
    private Booking booking;

    public int getBookingid() {
        return bookingid;
    }

    public Booking getBooking() {
        return booking;
```

```
        }

}
```

就像其他 **POJO** 一樣，我們建立變數來匹配 JSON 物件中的鍵，並為它們分配正確的資料型態——有看到我們是如何在這裡重複使用 Booking 的類別嗎？我們還新增了 getter，這樣之後我們就可以提取我們需要的值。

隨著 BookingResponse **POJO** 的完成，我們現在可以將測試更新為以下內容：

```java
@Test
public void deleteBookingReturns202(){

    BookingDates dates = new BookingDates(
        LocalDate.of( 2021 , 2 , 1 ),
        LocalDate.of( 2021 , 2 , 3 )
    );

    Booking payload = new Booking(
        1,
        "Mark",
        "Winteringham",
        true,
        dates,
        "Breakfast"
    );

    Response bookingResponse = BookingApi.postBooking(payload);
    BookingResponse createdBookingResponse =
     bookingResponse.as(BookingResponse.class);
}
```

注意最後一行程式碼。我們從 postBooking 獲取 Response 物件，並透過提供 BookingResponse 類別架構來呼叫 .as() 方法。基本上，我們要求 **REST Assured** 將 JSON 回應本體的值映射到 BookingResponse 類別，並建立一個新的 BookingResponse 物件。如果 **POJO** 和 JSON 回應本體一致，JSON 回應中每個項目的值都將被儲存在每個物件的變數中，以供之後使用。

完成這些之後，我們現在有了一個物件，其中有我們之後檢查時需要用來刪除的預訂回應資料。

Booking 和 BookingDates 中的空白建構子是怎麼回事？

你應該有看到，前面我們必須為 Booking 和 BookingDates 類別新增空白建構子，但我們沒有為 BookingResponse 新增一個。這是為什麼呢？當我們收到並剖析一個帶有 JSON 本體的 HTTP 回應時，它所回傳的是一個普通的字串，所以我們需要把 JSON 轉換為可以使用的物件。為了做到這一點，我們使用 Jackson 和 REST Assured 來觸發一系列的步驟：

- 依據提供的類別（在我們的例子中是 BookingResponse.class）建立一個新的空物件。
- 建立空物件之後，走訪 JSON 物件中的每個鍵，並使用從每個變數上方的 @JsonProperty 獲取中繼資料，在物件中找到正確的變數來儲存對應的值。

因此，為了成功地執行這個過程，我們需要有能力建立一個空物件，只要我們不加入自定義建構子，Jackson 就能自動為我們完成。這就是為什麼 Booking 和 BookingDates 需要以顯式的方式建立空白建構子。如果少了它們，Jackson 和 REST Assured 會試圖使用包含參數的自定義建構子，最終會失敗。

當我第一次開始使用 API 自動化時，我發現這一切都很令人困惑。有一種方法可以幫助你理解這個概念，那就是進入 Booking 或 BookingDates，嘗試刪除空的建構子並執行檢查。這樣做可能會導致如下的錯誤：

```
com.fasterxml.jackson.databind.exc.InvalidDefinitionException:
Cannot construct instance of `com.example.payloads.Booking` (no
Creators, like default constructor, exist)....
```

如果你將來看到這樣的錯誤，要記住的是，你有可能會需要在 POJO 中明確地建立一個空的建構子。

對 Auth 採取同樣的做法

我們已經建立了最終要刪除的預訂，但是我們仍然需要授權，以便刪除請求
能夠被處理。要做到這一點，我們將會需要一個 Auth 負載，它可以讓我們建
立並存放 Auth API 的 token。我們需要在 com.example.payloads 中建立兩
個新的 POJO。第一個是 Auth，我們將用它來建立負載，像這樣：

```java
public class Auth {

    @JsonProperty
    private String username;
    @JsonProperty
    private String password;

    public String getUsername() {
        return username;
    }

    public String getPassword() {
        return password;
    }

    public Auth(String username, String password) {
        this.username = username;
        this.password = password;
    }

}
```

建立請求

在建立了 POJO 之後，下一步是建立必要的程式碼來向 /auth/login 發送請
求。因為這是一個要發送請求的新 API，所以要建立一個名為 AuthApi 的新
類別。然而，在這之前要把 BookingApi 中的一些細節移到它自己的類別中，
以便在所有的 *Request 類別中共享。

在 com.example.requests 中，我們將建立一個名為 BaseApi 的新類別，並加入以下內容：

```
public class BaseApi {

    protected static final String baseUrl =
    ➥ ."https://automationintesting.online/";
}
```

有了一個負責管理所有請求的 baseUrl 的 BaseApi，我們就可以更新 BookingApi 來使用 BaseAPI，如下所示：

```
public class BookingApi extends BaseApi {

    private static final String apiUrl = baseUrl + "booking/";
```

然後，我們將建立 AuthApi 類別，並新增以下內容：

```
public class AuthApi extends BaseApi {

    private static final String apiUrl = baseUrl + "auth/";

    public static Response postAuth(Auth payload){
        return given()
                .contentType(ContentType.JSON)
                .body(payload)
                .when()
                .post(apiUrl + "login");
    }

}
```

把它綁在一起並斷言

現在我們有了更新自動化檢查所需的一切，接著為請求獲取所需的驗證 token，如下所示：

```
@Test
public void deleteBookingReturns202(){

    BookingDates dates = new BookingDates(
        LocalDate.of( 2021 , 2 , 1 ),
        LocalDate.of( 2021 , 2 , 3 )
    );

    Booking payload = new Booking(
        1,
        "Mark",
        "Winteringham",
        true,
        dates,
        "Breakfast"
    );

    Response bookingResponse = BookingApi.postBooking(payload);
    BookingResponse createdBookingResponse =
    ➥ bookingResponse.as(BookingResponse.class);
    Auth auth = new Auth("admin", "password123");

    Response authResponse = AuthApi.postAuth(auth);
        String authToken = authResponse.getCookie("token");

}
```

現在我們有了建立一個要刪除的預訂並獲得一個驗證 token 的程式碼，我們就可以打造刪除預訂並斷言其回應的自動化檢查。首先建立一個方法，讓它在 BookingApi 中發送刪除請求：

```
public static Response deleteBooking(int id, String tokenValue) {

    return given()
            .header("Cookie", "token=" + tokenValue)
            .delete(apiUrl + Integer.toString(id));

}
```

然後，我們更新檢查成下方，以刪除預訂和斷言狀態碼的回應：

```java
@Test
public void deleteBookingReturns202(){

    BookingDates dates = new BookingDates(
        LocalDate.of( 2021 , 2 , 1 ),
        LocalDate.of( 2021 , 2 , 3 )
    );

    Booking payload = new Booking(
        1,
        "Mark",
        "Winteringham",
        true,
        dates,
        "Breakfast"
    );

    Response bookingResponse = BookingApi.postBooking(payload);
    BookingResponse createdBookingResponse =
     bookingResponse.as(BookingResponse.class);

    Auth auth = new Auth("admin", "password");

    Response authResponse = AuthApi.postAuth(auth);
        String authToken = authResponse.getCookie("token");

    Response deleteResponse = BookingApi.deleteBooking(
            createdBookingResponse.getBookingid(),
            authToken);

    assertEquals(202, deleteResponse.getStatusCode());
}
```

這樣我們就完成了本章最後一個自動化檢查。這個自動化檢查的範例表明，我們可以從 HTTP 回應本體中提取值，以便在其他請求中使用，或對其進行斷言。

使用 GraphQL 進行自動化

因為 GraphQL 通常是由 HTTP 提供的，幸運地我們能夠使用與 REST API 相同的函式庫來實現 GraphQL API 的自動化。兩者之間的區別在於你如何建立 HTTP 請求。舉例來說，如果你想發送一個查詢，例如以下內容：

```
query Character {
  character(id: 1) {
    name
    created
  }
}
```

你只需要建立一個代表這個結構的 POJO，並將其發送到 REST Assured，其方式與我們在前面例子中發送負載的方式相同。要了解更多這方面的資訊，Applitools 的夥伴們已經建立了一個部落格，介紹如何使用 REST Assured 與 GraphQL（http://mng.bz/z5J1）。

小練習

現在我們已經建立了自動化框架，請回到前面我們辨識出的風險與檢查清單，從中挑選出最重要的一項，並嘗試將其自動化。如果你想要加強對這個方法的熟練度與能力，請試著自動化清單中每個辨識出的檢查。

6.3.4　用整合測試執行你的自動化測試

有了自動化檢查後，我們要如何讓它們成為建構過程的一環呢？

你應該還記得，我們把包含自動化檢查的類別命名為 `BookingApiIT`。在類別名稱結尾加上 `IT`，可以幫助我們區分自動化檢查與用來檢查 Web API 中個別元件而建立的單元檢查。這有助於我們將自動化檢查的關注點和目的乾淨地分開，但這也意味著，如果我們現在在這個專案上執行 `mvn clean install`，自動化檢查將無法執行。這是因為當 **maven** 進入 `test` 階段（**phase**）時，它會尋找名稱結尾含有 Test 一詞的類別並忽略其他部分。這會是個問題，因為我們的檔案是以 IT 結尾。

因此，我們需要更新 **maven** 專案，將自動化檢查作為建置流程的一部分，我們可以在 pom.xml 中加入 maven-failsafe-plugin，如下所示：

```
<build>
    <plugins>
        <plugin>
            <groupId>org.apache.maven.plugins</groupId>
            <artifactId>maven-failsafe-plugin</artifactId>
            <version>2.22.2</version>
            <executions>
                <execution>
                    <goals>
                        <goal>integration-test</goal>
                        <goal>verify</goal>
                    </goals>
                    <configuration>
                        <includes>
                            <include>**/*IT</include>
                        </includes>
                    </configuration>
                </execution>
            </executions>
        </plugin>
    </plugins>
</build>
```

這個外掛可以讓我們將自動化檢查的執行結合到 **Maven** 中的 integration-test（整合測試）或 verify（驗證）目標，方法就是將這些目標新增到外掛的 executions 部分。<include>**/*IT</include> 使用萬用字元來尋找任何以 IT 結尾的檔案並執行，比如 BookingApiIT 類別。

有了這個，執行 mvn clean verify 時就會執行自動化檢查，這意味著我們可以將自動化檢查專案新增到 **pipeline** 中，並針對測試環境執行 mvn clean verify。就這樣，我們現在有了一系列可定期執行的自動化測試，可以在本地或作為持續整合流程的一部分。

6.4 在測試策略中使用自動化

我們在本章討論如何建立自動化檢查時，會明顯看到，為了成功地將其實現，我們需要一些既有的系統知識。與其他測試活動不同的是，其他測試活動側重於學習新的資訊，而本章中我們所了解的自動化則側重於確認已經知道的部分，在產品的新迭代出現時仍為 true。如果我們回到第一章的測試模型，我們可以看到這個活動的重點是關注我們想要建立的（想像）和已經建立的（實作）中重疊的部分，如圖 6.5 所示。

自動化是測試策略中的一項重要活動。隨著產品的成長，我們不僅要測試新增的功能與修正，還要確認我們對系統運作方式的期望是否仍然正確。但是正如我們學到的，自動化工具所告訴系統的，和我們作為個人觀察到的情況是有區別的。一個成功的策略會善用自動化來提供協助並警告我們潛在的變化，以便我們利用其他測試活動（例如探索性測試）來更了解產品。

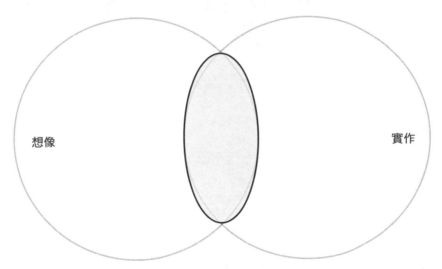

圖 6.5　這個測試策略模型展示了自動化如何關注想像與實作的重疊部分，這個重疊部分就是我們目前對系統的了解

總結

- 自動化會為了更快的速度與更好的效率，而犧牲了回饋的品質。

- 在回歸檢查中使用自動化，意味著自動化檢查將作為變化偵測器。

- 變化偵測器會告訴我們系統中是否有發生需要我們應對的變化。

- 我們可以根據我們在意的風險來辨識與優先設置變化偵測器。

- 我們可以使用 JUnit、REST Assured 和 Jackson 建立自己的 API 檢查框架。

- 為了幫助我們保持程式碼的 DRY（don't repeat yourself）與可維護性，我們將其分為三個不同的部分：測試、請求和負載。

- 我們可以用 Java 來建構 HTTP 請求並剖析結果，以斷言 API 中的變化。

- `maven-failsafe-plugin` 可以做為 pipeline 的一環，執行自動化 API 檢查。

- 我們可以將自動化與其他測試活動搭配使用，以更好地支援團隊。

7

測試策略的建立與實作

本章涵蓋

- 如何排序與實作策略中的具體行動
- 為什麼不同的情況下需要不同的策略
- 依據策略擬定計畫
- 分析工作環境以打造成功的規劃

幾乎每個測試人員在職業生涯中都說過這樣一段話:「你不可能測試所有的東西」(*you can' t test everything*)。諸如預算、期限、複雜性與技能等限制都會影響我們測試和學習的時間。測試的時間從來都不夠。為了應對這種情況,我們需要有策略地選擇要測試與不測試的內容。

在本書的第二部分,我們已經探討了一系列不同的測試活動,這些活動都關注在軟體開發生命週期中不同領域與不同類型的風險上,但是有關制定測試策略的討論都很抽象。我們要如何確定哪些測試活動相對優先,以及我們需要採取哪些步驟來成功執行策略?對這個專案有效的方法,可能對另一個專案無效；因此，在本章中，我們將探討為什麼沒有一個通用的策略，以及我們需要採取哪些步驟來辨別測試策略並開始實作。

7.1　依據我們的環境來建立策略

在深入探討如何正確辨識策略並決定實作的下一個步之前，我們先回顧一下目前所學。我們根據測試策略探索了兩種模式。第一個是測試目的模型，它表明我們要測試想像（想要建立的東西）和實作（已經建立的東西），我們在這兩個區塊了解得越多，這兩塊的重疊部分就越多。這可以用一個視覺模型來表示，如圖 7.1 所示。

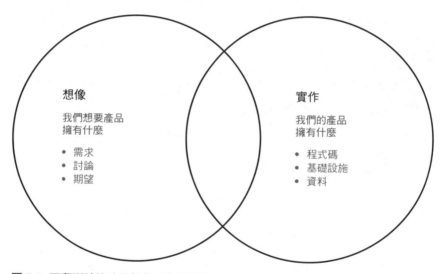

圖 7.1　回顧測試策略的想像 / 實作模型

我們在前幾章探討不同的測試活動時，也看到了不同的活動是如何關注想像 / 實作模型。我們還看到了測試 API 設計可以更深入地挖掘想像部分，而探索性測試可以擴展我們對實作部分的了解。自動化可以幫助我們確認，當產品發生變化時，已知之事物是否一樣正確。我們可以將這些活動分別加到想像 / 實作模型來作為總結，如圖 7.2 所示。

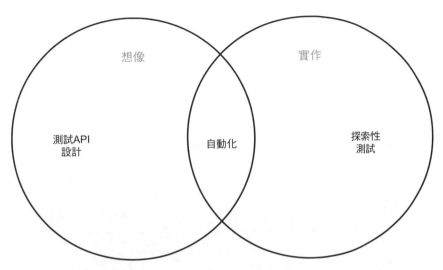

圖 7.2　想像 / 實作模型以及個別的測試活動

當然，這不是完整的測試活動清單，但是它可以讓我們認識到不同的測試活動會揭示不同的資訊並關注不同的風險。我們將在本書的第三部分了解更多的測試活動，但僅憑這三個活動，我們就可以開始看到決定測試策略要做什麼、何時做的挑戰了。

7.1.1　確立優先事項

如同我們前面說過的，儘管「讓我們完成所有任務吧！」這句話非常誘人，但現實情況幾乎表明了要採用全部測試活動是無法持續的，這就是策略可以派上用場的地方。它可以協助確定哪些機會可以善用，哪些機會應該優先考慮，以及在測試的短期、中期要做什麼計畫。我們如何確定什麼是優先事項？這是我們學到的第二個模型——品質特性和風險模型可以派上用場的時候了。

這裡簡單概述一下，第三章的模型展示了在挑選測試活動前需要採取的初步步驟，如下：

- 定義哪些品質特性對使用者和公司是重要的

- 辨識可能影響這些品質特性的風險

這可以用一個品質特性與風險的模型來展示，如圖 7.3 所示。

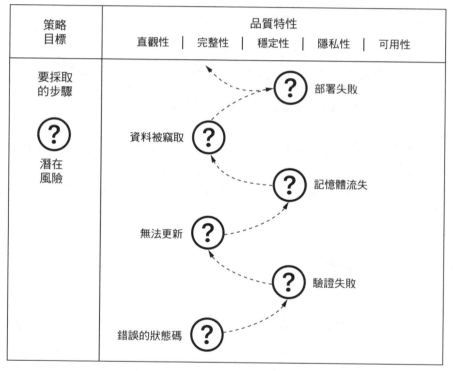

圖 7.3 回顧第三章的品質特性和風險模型，其展示了探索風險是實現我們策略目標的步驟

該模型在第三章中被用來展示，辨識每個風險是怎麼幫助團隊一步步改善並維持產品品質，正是這些風險指導我們確立要做什麼測試以及測試的優先順序。例如，我們可以說模型中的第一個風險就是需要優先考慮的一個：

　　當發送的請求成功時，回傳的狀態碼或回應是不正確的。

如果這是我們最關注的風險，那麼像測試 API 設計這樣的活動可能就會成為策略中的優先事項。

不同的風險會指示我們該進行哪些測試活動。要辨別風險是因為想像部分的誤解而發生，還是因為實作部分的程式庫存在意外的副作用而發生，需要技巧和練習。但是，能夠審視一個特定的風險，並了解什麼類型的測試活動最能減輕風險，將使我們邁向選出最有效測試方法的正確道路。

舉個例子，讓我們回到 API 沙盒的風險清單，並選出前三個我們最關注的風險：

1. 成功發送請求時，收到的是不正確的狀態碼或回應。

2. API 的驗證沒有依照預期進行。

3. 管理員無法更新訪客頁面的外觀和感受。

我們可以分析這些風險，並確定要實作哪些測試活動，從而形成一個如圖 7.4 所示的測試策略模型。

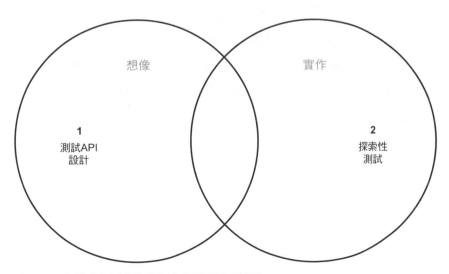

圖 7.4　一個排序好活動優先順序的測試策略模型

請注意我們是如何按照優先順序標記這些活動的。「測試 API 設計」被標記為第一個要關注的活動，因為它可以幫助我們減輕最高優先等級的風險，其次是「探索性測試」，它可以幫助我們減輕其他優先等級的風險。正是透過這種以品質來指導測試的模式，能幫助我們確定並排序我們想要在測試策略中進行哪些工作。

7.1.2　不同背景下的不同策略

這種使用我們對品質的理解來指導測試的模式，可以用圖 7.5 的模型表示。

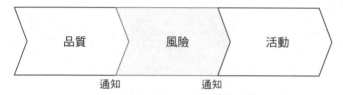

圖 7.5　展示品質、風險與測試活動之間關係的模型

遵循這個模式，我們不僅有了一條清晰的路徑，而且還有了方法來建立一種策略，對我們的使用者需求與工作環境做出回應。

我們已經在第三章了解到，品質是一個流動的概念，對於不同的人來說有不同的意義。品質可能會受到所屬的產業（例如醫療保健與電子商務）或我們產品領域的影響，例如 IoT（物聯網）或 SaaS（軟體即服務）。這些差異會影響使用者和我們對品質的定義。

舉例來說，如果我們考慮一個不同於 API 沙盒的專案，像是股票交易平台，我們很快就會發現，股票交易平台關注的品質特性與 API 沙盒範例不同。例如，品質特性可能會是：

- 準確性

- 回應性

- 可審核性

這些品質特性將導致我們需要考慮不同範圍的風險，包括以下內容：

- 購買的股票或股份數量過低或過高。

- 由於在審計日誌（audit logs）中發現了不正確的購買和販售細節，因而違反了相關法律或法規。

- 股票或股份沒有及時購買，這意味著在成交之前已有其他人購買。

這些風險可能會產生一個優先等級或重點完全不同的策略，如圖 7.6 所示。

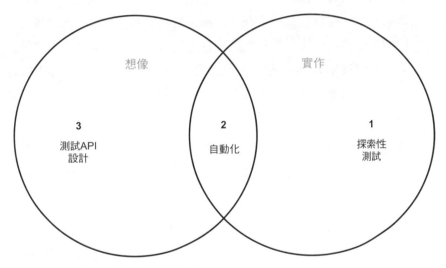

圖 7.6　一個股票應用程式的測試策略

這個例子是過度簡化的假想專案，但它展示了遵循相同的模式——先辨識品質特性，接著判斷風險，最後就會有對應的測試活動，這樣我們可以為產品和團隊的需求建立正確的測試策略。

7.2 將測試策略轉換成測試計畫

一個策略能指出我們在任何特定時間要走的路徑，但是它缺乏細節。它向我們展示了測試的願景，但如果我們真的要實現它，我們需要一個計畫。花時間規劃出我們打算如何實施、執行和反思測試策略的細節是至關重要的，因為我們的測試願景幾乎總是在一開始就與現實情況發生直接衝突。我們可能想建立一個新的自動化框架，但發現我們缺少了以團隊身分來開發的技能。或者是我們想開始進行 API 設計測試會議，但團隊分散在太多不同的時區。

透過花時間來擬定計畫，我們可以辨識出環境中存在的限制因素，並使用這些資訊來規劃出詳細的任務來成功實作測試策略。要做到這一點，我們需要確保在計畫期間做到以下幾點：

- **辨識出測試有哪些限制**—測試策略的成功是建立在我們在特定情境下的測試能力。這就是為什麼在開始制定計畫之前，分析不同情境的可測試性相當重要。如果我們不知道在特定的情境中進行測試有多容易或多困難，那麼嘗試實作特定的測試活動是沒有意義的，例如當團隊遠距工作，而且沒有正式的 API 設計會議時，要嘗試測試 API 設計就會很困難。

- **組織並溝通我們的計畫**—規劃出想藉由測試實現的目標後，我們有機會溝通將如何實作。這意味著我們要取得平衡並分享我們計畫的正確細節。

- **小規模地計畫並迭代**—想要一次實作整個測試策略是很難執行與監控的。相反地，規劃實作特定的活動，可以讓我們建立一個可管理的計畫。它所需要的前期投資比較少，我們也更容易追蹤它是否有效，如果無效，我們也能夠做出適當的反應。

- **花時間反思與反應**—我們的計畫不會總是按照期望進行，隨著工作進展，我們對環境有了更多的了解後，也意味著我們必須在問題浮現時留意它們，並且能夠調整以克服它們。

讓我們花點時間來了解一下這些要點，看看它們如何幫助我們把測試策略的願景變成團隊執行的明確計畫。

7.2.1 了解環境的可測試性

當討論到可測試性時，我們指的是任何影響我們測試能力的事物——從我們
測試的產品到參與專案的個人。每個有可能使我們更難或更容易進行特定測
試活動的因素，都有可能影響到可測試性。評估一個情境的可測試性，我們
可以利用這些知識來幫助我們促進和善用可測試性帶來的正面影響，同時減
少或消除負面影響。

評估可測試性的第一步是了解到底什麼會影響它。幸運的是，我們有一些關
於可測試性的優秀內容可以協助，例如由 Rob Meaney 和 Ash Winter 建立的可
測試性 10P 模型。Rob 和 Ash 對可測試性這一主題進行了深入的探討，將可
測試性的不同影響因素建立成一個模型，如圖 7.7 所示。

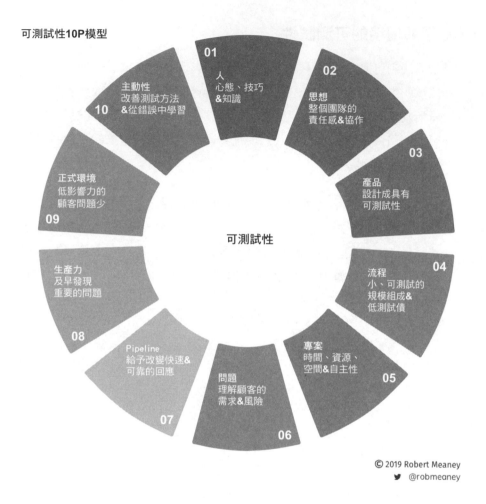

圖 7.7 Rob Meaney 和 Ash Winter 建立的可測試性 10P 模型

Rob 和 Ash 在他們的《*Team Guide to Software Testability*》（https://leanpub.
com/softwaretestability）一書中介紹這個模型，該書的內容詳細探討了可測試
性。為了幫助開始，我們可以使用 10P 模型作為開始分析之處。我們先來了
解每個「P」代表什麼，以及我們可以學到哪些有用的細節：

■ 人（People）—我們的測試方式會受到技能、知識和心態影響。個人的
測試技能有限，處理測試的能力也就有限。因此，在規劃測試時，我們
需要考慮到團隊成員進行特定測試活動的難易程度。

- **思想**（Philosophy）—「人」關注的是個人的能力以及他們對測試的影響，而思想關注的是整個團隊的信念和態度。例如，如果一個團隊對品質和測試的價值沒有什麼認同感，這將使整個測試策略的實作變得困難。

- **產品**（Product）—我們如何打造產品、使用的技術也會對我們的測試能力產生巨大影響。一個難以部署的產品、缺乏存取權限，或不斷故障的產品，將影響實作測試工具的難易度、擾亂測試。在規劃測試活動時，我們應該確保產品盡可能地適用於我們的測試。

- **流程**（Process）—團隊是否試圖以小規模且可管理的形式來交付工作，還是將一切都包在更大的發布中完成？我們交付工作的過程也會影響測試。如果產品很少發布，而且每次都包含大量的變化，這可能會影響自動化測試的維護而導致瘋狂地趕製測試，並使我們難以確定所有要優先測試的風險。

- **專案**（Project）—專案的時長與資金也在制定計畫中扮演重要角色。如果專案期限很短，我們可能沒有足夠的時間來實作特定的測試活動。如果我們需要培訓來實現其他的測試活動（例如在「人」中缺乏的能力），我們是否有預算和時間來培訓團隊成員？

- **問題**（Problem）—這涉及到我們對軟體所要解決的問題的理解。可以藉由了解使用者如何與我們的系統互動來進一步深入。如果我們對這些方面缺乏了解，這將意味著測試很可能與真實的使用者問題有所落差。

- Pipeline—如果我們要實作某些測試活動，例如自動化，當產品被建立並部署到正式環境時，該活動將在 pipeline 中的哪處進行？我們是否有一個 pipeline？了解產品所經過的 pipeline 可以幫助我們規劃要在何時何地進行測試。

- **生產力**（Productivity）—這和我們身為團隊發現問題的生產力有關。生產力有趣的地方在於它可以是多變的。生產力有可能會受到長期的影響，例如一個組織的文化；但也有可能會受到短期的影響，例如疾病、會議數量與心理健康等。雖然我們不能將所有這些都納入規劃，但是知道什麼可能會影響我們未來的計畫，可以幫助我們研究如何預先解決這些問題，或是根據這些問題進行規劃。

■ **正式環境**（Production issues）—如果我們沒有很多正式環境上的問題需要處理，這就代表我們應該有更多的時間可以把測試的心力集中在其他地方（或者相反，這可能代表我們的反饋迴圈很差）。同樣，當我們發現正式環境上的問題時，如果我們沒有辦法快速解決它們，那麼我們能測試機會可能會受到影響。了解正式環境發生問題的頻率，以及我們如何處理這些問題，可以讓我們確定我們有多少時間可以進行測試。

■ **主動性**（Proactivity）—作為一個團隊，我們對定期改進測試有多開放？我們有什麼機會可以反思和改進？反饋和反思對於衡量我們的策略和計畫的成功至關重要。是否還有可以利用的機會，還是我們需要自己實施？

10P 模型中的每一個項目都提供了我們機會了解幫助或阻礙測試的事物有哪些。這相當有用，因為影響我們測試能力的問題不一定在第一眼就能看出來。例如，我曾經手過一個專案，我們在建立測試環境上出了問題。這個問題可以歸類在 10P 模型中的「pipeline」。但經過進一步的調查和交談，我們發現更深層的問題出在公司的兩位高層在爭奪明年的預算。他們故意擾亂對方部門的工作，以便為下一年爭取更多的預算，這意味著這個問題比較偏向屬於「思想」類別。

並不是所有的可測試性問題都如此極端，但這顯示了分析情境的可測試性是如何幫助我們辨別潛在的路障，並在需要時解決它們。這些細節可以被新增到計畫中，以採取行動來解決問題。例如，我們想採用一個新的自動化工具，但是可測試性分析顯示團隊在實作自動化或運用相關工具的經驗有限。我們可以將這些知識納入我們的計畫中，嘗試透過培訓或爭取更多時間來熟悉這些工具以解決問題。

可測試性的替代模型

Rob 和 Ash 的可測試性 10P 模型不是唯一一個可以用來幫助團隊探索其自身可測試性的模型。其他值得注意的模型包括 James Bach 的 Heuristics of Software Testability（http://mng.bz/K0AX）和 Maria Kedemo 與 Ben Kelly 的 Dimensions of Testability（http://mng.bz/9V7j）。探索每個模型可以為我們帶來好處，儘管它們有一點相似，但是每個模型都能幫助我們對自身產品的可測試性激發出更多提問與理解。

了解可測試性不僅可以幫助管理那些可能阻礙測試的問題，還可以幫助我們重新確定優先等級並調整重點。如果發現該情境的可測試性很低，並且我們想作為測試策略的一環而實施的測試活動需要相當大的投資才能成功時，可能就要重新考慮。我們可以評估工作的成本與所辨識的風險之間的平衡，並問自己其他的風險是否更快、更容易解決。這並不是指要放棄最初的計畫，而是執行策略時我們能知道有一些工作可能需要長期的投資，這樣就不會把所有的雞蛋放在同一個籃子（或計畫）裡，最終卻看到它們失敗，不得不回到原點重新來過。

7.2.2 組織與記錄一個測試計畫

通常測試計畫文件規模龐大且內容詳盡，它必須詳細記錄要執行的每一個細節。雖然詳盡是件好事，但這會導致文件內容太密集、難以閱讀，遇到不可避免的變化時很難維護。這會讓一些人覺得這是一項繁重的工作，但回報卻很少，所以出現了一種趨勢，團隊乾脆放棄測試計畫，引用敏捷宣言的原則，這樣的現象並不奇怪：

> 可運作的軟體勝過詳盡的文件
>
> （Working software over comprehensive documentation）

雖然這個原則有時會被誤解是要鼓勵放棄所有的文件，但事實上，它是在提倡一種更明智、以價值為導向的記錄文件方法。只要它能使個人和團隊先交付可運作的軟體，有一些文件也是可以的。這種心態可以、而且應該要應用於測試文件。我們可以在記錄和傳達正確的資訊量之間取得平衡，而不至於變得細節過多或過於模糊。這是 Lisa Crispin 和 Janet Gregory 在他們的著作《*Agile Testing: A Practical Guide for Testers and Agile Teams*》（Addison-Wesley Professional，2008）中所提倡的。他們寫道：

> 「考慮一個輕量的測試計畫，涵蓋必要的內容，但不要包括任何額外的東西。」

Lisa 和 Janet 提出建立一個記錄我們所需資訊的測試計畫想法，並保持其輕量，測試計畫建議可以用一頁的紙來記錄。這個一頁測試計畫的想法被 Claire Reckless 的文章〈*The One-Page Test Plan*〉（http://mgn.bz/ jAoa）進一步擴展，並巧妙點出了大型測試計畫的問題：

> 向一個非常忙碌的經理提交一份橫跨許多頁的文件，文件裡面充滿了資訊，可能需要一個小時或以上的時間來閱讀，他們可能永遠沒有時間去看它。向他們提供一份簡短的文件，讓他們可以大致瀏覽專案的測試計畫，他們可能會更願意看一看。

Claire 探討了一系列建立簡短計畫的方法，只傳達所需的細節，不提供多餘內容，從簡單的一頁 Word 文件到儀表板。無論使用的格式為何，主要目標始終是建立一個計畫，向團隊清楚地說明意圖。或者如 Lisa 和 Janet 所說的：

> 無論你的組織使用什麼類型的測試計畫，都要讓它成為自身的一環，以有利於團隊的方式來使用它，並確保你滿足客戶的需求。

如果想建立一個適用於我們的測試計畫，並且不會過於複雜，那我們應該計畫中放什麼內容？我們可以鼓勵團隊透過「測試 API 設計」的活動，添加一些細節：

- **介紹**（Introduction）—介紹可以說明測試計畫的重點是什麼，以及它所涵蓋的內容。以我們的例子來說，我們可以在這個部分說明：這個測試計畫是採用團隊導向方式來測試 Web API 設計。

- **風險**（Risks）—哪些是可能影響計畫的風險，在我們評估情境的可測試性時，可能就已經辨認出這些風險。在我們的例子中，我們可能會提出有關團隊不熟悉合作會議的風險，或者遠距團隊可能遇到連線問題。

- **推斷**（Assumptions）—它和風險類似，我們對可測試性的分析可能會凸顯出對測試效果的推斷。因此，將這些加到我們的計畫中可以清楚地溝通它們，看看它們是否是有效的推斷，並在執行計畫時將它們牢記。例如，我們可以做一個推斷，團隊已經在 API 設計上進行非正式的對話，我們可以多加利用這些對話。

- **工具**（Tools）—簡言之，就是我們想用什麼工具作為我們計畫的一部分？例如，我們在第四章討論了使用 Swagger 來記錄 API，所以可以在此處列出 Swagger。

- **資源**（Resources）—任何額外的資源也可以記錄在計畫中，額外的資源可以是指個人或團隊需要多少時間來實施計畫，或是培訓或預算要求。對於我們的計畫，我們可能會考慮從外部來源獲得一些輔導或培訓，以幫助我們採用新的測試方法，例如測試 API 設計。

- **範疇**（Scope）—我們可以在這裡分享計畫所涵蓋的範疇內或範疇外的內容。列出這些明確的細節可以幫助我們清楚地傳達希望實現的目標，以及找出未來需要考慮的其他測試領域。例如，我們可能會說測試我們設計的 Web API 在範疇內，測試我們依賴的 API 則不在範疇內。

我們可能會考慮許多其他的選項，我們可以將上述所有項目放上，或者從中挑選一些。可測試性分析會協助我們辨別出與別人溝通的最好方式，以便他們能清楚地理解我們的意圖並協助我們實行。

7.2.3 執行和反思計畫

只要提到策略和計畫，幾乎都會出現蘇格蘭詩人羅伯特・伯恩斯（Robert Burns）的經典名言，不過他最著名的其中一句話提醒了我們計畫的一個重要觀點：

> 老鼠和人的最佳計畫往往都會出錯。
>
> （The best-laid plans of mice and men often go awry.）[1]

我們重複本章開頭的觀點，我們不可能測試所有的東西。測試的規劃也是如此，我們不能為每一種可能的情況做計畫。分析環境的可測試性是很耗時的，這意味著我們不一定有足夠的時間來揭示可能會影響系統的所有事物。一旦情境改變了，預算增加或減少，專案的最後期限被提前或推遲，團隊成員離開或新成員加入。所有這些事件都會影響到我們的計畫，所以執行和反思相當重要，這可以使我們迅速發現問題並做出反應。

執行

在執行計畫時，我們可以借鏡現代軟體開發的做法，把工作分解成小規模、可管理的任務。與其試圖用一個完整的流程來執行一整個新的測試活動，採取敏捷的思維反而更好。嘗試簡短、小型的實驗，我們可以測試出新想法和方法是否可行，然後再考慮下一步採取什麼措施來進一步建立它們。

例如，我們在測試 API 設計一章中了解到，讓一個團隊一起合作討論 API 如何運作，可以成為測試想法和澄清假設的機會。試圖讓整個團隊參加一個正式的會議，讓大家開始討論設計，可能相對會很難組織，而且如果會議進行得不順利，可能會遭到公然的敵視（根據經驗）。反過來說，採取較小的步驟可以讓我們有時間幫助別人適應新的方法，並對任何變化或阻力做出反應。這可能包含以下的任務：

1　意指計畫趕不上變化。

1. 告知團隊我們開始測試 API 設計的意圖，並調查團隊是否有興趣。

2. 從非正式會議開始，與感興趣的人進行溝通，說明這是一個實驗，並看看情況如何。

3. 對會議進行反思，作出相應的調整，並再次嘗試。

4. 與團隊分享成功的經驗，嘗試使會議成為常態，並邀請其他人加入。

每個步驟都可能需要幾次迭代，也許會影響到團隊內部變化的複雜性。然而，它確實表明出我們在每項任務之後都有機會進行反思和重新規劃。如果在第一步，沒有人對合作感興趣，那麼也許就需要採取不同的方法。關鍵是我們要盡可能地快速學習和適應，以確保計畫的成功。

反思

如果我們不花時間反思計畫的進展，審視它們在現實世界中如何運作，那麼採取小規模的步驟來實施一個計畫就是白費功夫。這意味著建立新機制或善用現有的機制，可以讓我們評估目前的工作，並在必要時改變路線。

回顧會議（retrospective）提供了一個很好機會，讓我們可以討論我們在未來幾天或幾週的測試中想要實現的目標，同時可以衡量我們的工作進展。如果你還記得，測試的目標是支持團隊提升產品的品質。讓團隊在一個空間內討論事情的進展，可以為我們提供良好的機會來調查團隊、了解我們的規劃是如何幫助團隊的。我們還可以利用這個時間，以非正式的方式評估我們對產品品質的感受。產品是否有改進？我們是否覺得改變測試策略與計畫對改進品質有所貢獻？

使用像是 Claudio Perrone 的「Popcorn Flow」（https://agilesensei.com/popcornflow/）等等的實驗模型也可以讓我們以精實的心態採取結構化的過程來引入想法、衡量它們、從中學習。然而，像這樣的方法需要一定程度的投資和團隊的認同，好讓團隊能夠適應定期的實驗與反思。

最後，僅僅進行對話就可以產生有用的反思。有時候，沒有清楚溝通測試，
會導致對其複雜性和價值的誤解。向別人清楚地展示我們在測試中所做的事
並尋求反饋，他們同樣可以分享價值，並幫助我們更好地理解我們能如何幫
助團隊成員。

7.2.4 讓策略持續發展

依照這個步驟：評估可測試性、組織計畫並執行，最後反思進展，我們可以
開始看到測試策略中的願景成為現實。然而，工作會隨著時間改變，影響它
的風險也在改變。這就是為什麼策略和制訂的計畫必須隨著時間不斷調適和
發展。當我們定期反思使用者對品質的看法，以及與這些想法相關的風險
時，進行哪些測試的優先等級也會改變。無論是我們正在建立的新測試活
動，還是原有的測試活動，依照這個模式可以讓我們了解哪些部分需要在特
定時間來關注，哪些部分可以等到需要時再來關注。

總結

- 我們可以把想像 / 實作、品質特性 / 風險這兩個模式結合使用以指導我們
  的測試策略。

- 辨識出的風險可以經由不同的測試活動來緩解；風險的優先等級越高，
  進行該測試活動的理由就越充分。

- 建立策略的模式大致為辨識品質特性、分析影響品質的風險，以及選擇
  可以幫助減輕風險的活動。

- 測試策略可以幫助我們建立測試的願景，但我們需要一個或多個計畫來
  確保願景的實現。

- 計畫和策略的成功會受到可測試性，與在特定情境下的測試能力的影響。

- 我們可以使用 Rob Meaney 和 Ash Winter 的 10P 可測試性模型，分析不
  同環境並探索其中的可測試性問題。

- 了解可測試性能幫助我們制定一個更好的行動計畫，並在遇到複雜的問題需要解決時，可以重新安排優先順序。

- 測試計畫不需要是詳列所有細節的複雜文件，一頁包含所需細節的測試計畫就可以協助清楚傳達我們的意圖。

- 執行計畫時，從可管理的小規模任務開始，以迭代方式引入測試活動，如此可以協助反思並應對問題。

- 像回顧會議的儀式，或是 Popcorn Flow 等等的實驗模式，可以提供我們機會來反思計畫的進展。

Part 3

擴展我們的測試策略

到目前為止，我們討論的測試活動是測試策略中不可或缺的一部分，但是它們並不是我們唯一的選擇。而像是效能測試和安全測試等活動有時候會被列在專案末期才進行。但我們即將學到，這些活動可以、也應該盡早納入測試策略中。它們不僅可以擴展我們理解 Web API 的運作方式、它在正式環境中與其他系統的互動，還能延伸測試的刺激與激發創新的方法。

我們將會學到許多不同的方法來擴展我們的測試策略。首先第八章將探索各種工具和技術來進行進階的自動化。第九章將討論如何透過合約測試進一步擴展自動化測試，並幫助團隊來針對 API 設計進行協作。接著，第十章將介紹效能測試，以及示範如何在測試策略中更早地計畫和實作效能測試。第十一章將討論如何把安全測試的思維納入我們目前已學的一系列活動中，例如建立模型、探索性測試和自動化測試。最後，在本部分和本書的結尾，我們將探討在正式環境中進行測試和網站可靠性工程的實踐，能如何幫助我們將測試策略擴展到正式環境。

進階 Web API 自動化

8

本章涵蓋

■ 使用自動化來指導交付

■ 用模擬（mock）提高自動化的穩定性

■ 在建構 pipeline 中新增自動化檢查時的考慮因素

隨著 Web API 相關技術的進步，自動化的工具也在不斷進步。在第六章中，我們已經學會如何為 API 建立自動化檢查來指出潛在的問題，以便進一步調查，但我們可以做的還不只這樣。因此在這一章中，我們將在自動化 API 檢查的知識基礎上，探索如何更進一步提高自動化的程度，讓自動化能以不同的方式協助我們。為此，本章的每一小節都會介紹我們可以從自動化中獲得更多好處的方法，比方：

■ 用自動化的驗收測試來指導交付

■ 使用模擬（mock）來減少自動化中的偽陽性

■ 使用基於屬性的測試（property-based testing）來發掘預期以外的問題

假設以及案例程式

本章中的一些活動是基於第六章中建立的自動化檢查。假設你已經讀了第六章，也建立了自己的程式碼，那可以經由本章來進行更新。如果你還沒有，我建議你可以先讀完第六章，然後再繼續閱讀本章。或者，你也可以直接在這裡取得自動化檢查的程式：http://mng.bz/WMjg。

8.1 驗收測試驅動開發
（Acceptance test-driven development）

如同我們前幾章提過的，不同的測試活動可以減輕不同的風險，自動化 API 檢查也是如此。到目前為止，我們所建立的自動化 API 檢查都集中在已經被辨識的風險上，這些風險是基於我們對系統的了解——例如，如果沒有收到正確的狀態碼，或者如果我們改變了系統中的某些東西，導致回傳了錯誤的狀態碼，該怎麼辦？這些風險都可以稱為「回歸風險」（regression risk），這指的是在增加新功能或修改系統程式的過程中，系統可能會以一種我們不想要方式的發生變化。

然而，我們手邊的工具也可以協助減輕交付錯誤的風險。減輕錯誤交付的風險與回歸風險有些微的不同，因為它的重點不是系統如何出錯，而是我們作為團隊如何誤解了需要交付的東西。而這個風險也正是「驗收測試驅動開發」可以幫助緩解的。

採用驗收測試驅動開發（ATDD）的方法，我們可以善用測試驅動開發（TDD）的模型，如下：

1. 建立一個失敗的自動化檢查。

2. 寫一些可運作的程式碼。

3. 帶著信心重構程式碼。

TDD 和 ATDD 的區別在於，自動化檢查的期望來自於與客戶的對話，即他們希望 API 做什麼。與我們使用 TDD 時設定的期望相比，ATDD 的檢查往往更高層次且著重於業務行為，而 TDD 側重於特定時間內的邏輯片段。

ATDD 讓我們從與客戶的對話開始，產生一個像這樣的自動化實例：

■ 功能：預訂的報告

■ 場景：使用者要求取得所有訂房帶來的總收入

- 有鑑於我有多個預訂（Given I have multiple bookings）

- 當我要求得到一份關於總收入的報告時（When I ask for a report on my total earnings）

- 那麼我將收到一個基於我所有預訂的收入總額（Then I will receive a total amount based on all my bookings）

這個場景是用一種叫做 Gherkin（Given-When-Then）的語言編寫的，它可以被某些自動化工具用來建立一個失敗的自動化檢查。它之所以失敗，是因為我們要檢查的程式碼還不存在。但是一旦我們寫了足夠的生產程式碼來讓檢查通過，我們就會得到反饋，同時也建立了客戶想要的功能，並避免了任何潛在的範疇潛變（scope creep）。

8.1.1 建立一個自動化驗收測試框架

在這個活動中，我們將建立一個新的 Maven 專案，這次我們將擴大依賴清單，涵蓋新的函式庫來建立自動化驗收檢查，如下所示：

```xml
<dependencies>
    <dependency>
        <groupId>org.junit.jupiter</groupId>
        <artifactId>junit-jupiter</artifactId>
        <version>5.7.1</version>
    </dependency>
    <dependency>
        <groupId>io.rest-assured</groupId>
```

```xml
            <artifactId>rest-assured</artifactId>
            <version>4.3.3</version>
        </dependency>
        <dependency>
            <groupId>com.fasterxml.jackson.core</groupId>
            <artifactId>jackson-databind</artifactId>
            <version>2.12.2</version>
        </dependency>
        <dependency>
            <groupId>com.fasterxml.jackson.core</groupId>
            <artifactId>jackson-core</artifactId>
            <version>2.12.2</version>
        </dependency>
        <dependency>
            <groupId>io.cucumber</groupId>
            <artifactId>cucumber-java</artifactId>
            <version>6.11.0</version>
        </dependency>
        <dependency>
            <groupId>io.cucumber</groupId>
            <artifactId>cucumber-junit</artifactId>
            <version>6.11.0</version>
        </dependency>
    </dependencies>
```

除了上一章使用的函式庫之外，我們還新增了 Cucumber 的兩個函式庫。這讓我們能夠在範例場景與自動化程式碼之間建立一種關係。例如，當 Cucumber 執行前面提到的「有鑑於我有多個預訂」步驟時，它將觸發自動化程式碼來建立多個預訂。為了開始，我們將建立一個類似於我們之前建立的框架設置，在測試資料夾中有以下封包：

■ requests

■ payloads

■ stepdefinitions

而在 com.example 中，我們要建立一個名為 RunCukesTest 的新類別，它包含以下內容：

```
@RunWith(Cucumber.class)
@CucumberOptions(
    features = {"src/test/resources"}
)

public class RunCukesTest {
}
```

最後，我們需要將範例場景新增到框架中。在資源資料夾中建立一個名為 BookingReports.feature 的新檔案，像這樣：

```
Feature: Booking reports

  Scenario: User requests total earnings of all bookings
    Given I have multiple bookings
    When I ask for a report on my total earnings
    Then I will receive a total amount based on all my bookings
```

這代表當我們執行 mvn clean test 時，我們會得到以下反饋：

```
io.cucumber.junit.UndefinedStepException: The step "I have multiple
    bookings" is undefined. You can implement it using the
    snippet(s) below:

@Given("I have multiple bookings")
public void i_have_multiple_bookings() {
    // Write code here that turns the phrase above into concrete actions
    throw new io.cucumber.java.PendingException();
}
```

這 是 因 為 RunCukesTest 類 別 將 JUnit 和 feature 檔 案 連 接 在 一 起，使 Cucumber 能夠將 BookingReports.feature 檔案作為測試執行。我們得到了一個 UndefinedStepException 輸出結果，因為當 Cucumber 執行 feature 檔案時，它會尋找與正在執行的檢查中的 step（步驟）匹配的 step definition

（步驟定義）。我們很快就會來深入研究這個問題，但現在，我們已經確認設置好並準備好來建立失敗的自動化檢查。

8.1.2　建立失敗的自動化檢查

現在我們已經設置完畢，我們可以在 com.example.stepdefs 封包中建立一個新的類別，名為 BookingReportsStepDefs，並開始自動化，程式碼如下：

```
public class BookingReportsStepDefs {

    @Given("I have multiple bookings")
    public void i_have_multiple_bookings() {
        // Write code here that turns the phrase above into concrete
        actions throw new io.cucumber.java.PendingException();
    }

    @When("I ask for a report on my total earnings")
    public void i_ask_for_a_report_on_my_total_earnings() {
        // Write code here that turns the phrase above into concrete
        actions throw new io.cucumber.java.PendingException();
    }

    @Then("I will receive a total amount based on all my bookings")
    public void i_will_receive_a_total_amount_based_on_all_my_bookings() {
        // Write code here that turns the phrase above into concrete
        actions throw new io.cucumber.java.PendingException();
    }

}
```

值得注意的是，每個方法都有一個標註（annotation），而其中一個句子被作為參數傳入。如果我們看一下第一個標註：

```
@Given("I have multiple bookings") "
```

就可以看到，它與我們的範例場景 BookingReports.feature 檔中第一行相吻合，如下所示：

```
Given I have multiple bookings
```

有鑑於我有多個預訂（Given I have multiple bookings）這就是 Cucumber 可以讓我們做的事：與業務端協作，使用淺顯易懂的英文編寫場景，將每個步驟與想要執行的特定自動化程式碼區塊相連。這就是「步驟定義」（step definition）一詞的由來——我們定義了每個步驟的具體執行內容，以幫助檢查我們是否正在建構正確的東西。不過目前，如果要執行這段程式碼，只會收到一個 PendingException，我們需要輸入自動化程式，才能建立失敗的自動化檢查。

考慮到這一點，讓我們從第一個步驟「建立多個預訂」開始。首先，讓我們更新第一個步驟的定義，包含建立預訂的程式碼：

```java
@Given("I have multiple bookings")
public void i_have_multiple_bookings() {
    BookingDates dates = new BookingDates(
            LocalDate.of(2021,01, 01),
            LocalDate.of(2021,03, 01)
    );

    Booking payloadOne = new Booking(
            "Mark",
            "Winteringham",
            200,
            true,
            dates,
            "Breakfast"
    );

    Booking payloadTwo = new Booking(
            "Mark",
            "Winteringham",
            200,
            true,
            dates,
            "Breakfast"

    );

    BookingApi.postBooking(payloadOne);
    BookingApi.postBooking(payloadTwo);
}
```

在 `com.example.payloads` 中建立以下 **POJO**。首先，我們來建立一個 `BookingDates` 類別並加入以下內容：

```java
public class BookingDates {

    @JsonProperty
    private LocalDate checkin;
    @JsonProperty
    private LocalDate checkout;

    public BookingDates(LocalDate checkin, LocalDate checkout){
        this.checkin = checkin;
        this.checkout = checkout;
    }
}
```

然後，我們來建立一個 Booking 類別並加入以下程式碼：

```java
public class Booking {

    @JsonProperty
    private String firstname;
    @JsonProperty
    private String lastname;
    @JsonProperty
    private int totalprice;
    @JsonProperty
    private boolean depositpaid;
    @JsonProperty
    private BookingDates bookingdates;
    @JsonProperty
    private String additionalneeds;

    public Booking(String firstname, String lastname, int totalprice,
      boolean depositpaid, BookingDates bookingdates, String
      additionalneeds) {
        this.firstname = firstname;
        this.lastname = lastname;
        this.totalprice = totalprice;
        this.depositpaid = depositpaid;
        this.bookingdates = bookingdates;
        this.additionalneeds = additionalneeds;
```

```
        }

}
```

最後，我們將在 `com.example.requests` 中建立必要的程式碼來發送請求，在一個叫 `BookingApi` 的類別中：

```
public class BookingApi {

    private static final String apiUrl = "http://localhost:3000/
      booking/";

    public static Response postBooking(Booking payload) {
        return given()
                .contentType(ContentType.JSON)
                .body(payload)
                .when()
                .post(apiUrl);
    }

}
```

有了這些，如果我們使用 `mvn clean test` 再次執行自動化驗收檢查，會看到場景的第一個步驟已經開始執行，但第二步驟回傳一個 `PendingException`。所以讓我們完成其他兩個步驟的定義，建立完整的失敗自動化檢查，像這樣：

```
private Response totalResponse;

@When("I ask for a report on my total earnings")
public void i_ask_for_a_report_on_my_total_earnings() {
    totalResponse = BookingApi.getTotal();
}

@Then("I will receive a total amount based on all my bookings")
public void i_will_receive_a_total_amount_based_on_all_my_bookings()
{
    int total = totalResponse.as(Total.class).getTotal();

    assertEquals(total, 400);
}
```

為了讓這段程式碼運作，我們需要在 `com.example.payloads` 中建立一個名為 `Total` 的新類別，程式碼如下：

```java
public class Total {

    @JsonProperty
    private int total;

    public int getTotal() {
        return total;
    }

}
```

我們還需要在 `BookingApi` 類別中建立一個新的方法來發送請求到 total 端點：

```java
public static Response getTotal() {
    return given()
            .get(apiUrl + "report");
}
```

現在這個程式碼可以讓我們執行一個失敗的自動化檢查，和執行 `mvn clean test` 時看到的一樣，我們將得到一個 `java.net. ConnectException: Operation timed out` 錯誤。

8.1.3 讓自動化檢查通過

有了一個失敗的檢查，下一步將是建立必要的程式碼來讓自動化檢查通過。根據我們的角色，我們可能會負責產出程式碼，或者把它交給一位團隊成員來編寫。

一旦程式碼完成，檢查通過，我們就會得到明確的反饋，也就是我們已經交付了被要求建立的東西。然後，我們可以選擇重構程式碼，同時確保檢查不會被破壞，或者移動到下一個需要交付的場景。

此外，一旦自動化驗收檢查通過了，就有機會把它加到其他的自動化檢查中，作為 pipeline 的一部分來執行。這使我們能夠建立一整套自動化檢查，如果系統的任何變化導致它無法交付業務所期望的功能，就可以向團隊提供反饋。

8.1.4 嚴防陷阱

這裡要重申的是，驗收測試驅動的設計方法與任何其他自動化 API 測試活動不同，因為它關注的是「未交付正確東西的風險」。 驗收測試驅動的目標不是徹底檢查 API 的每一種風險或價值，也不是要取代 TDD（而是和它並肩工作）。它是為了釐清業務需求，並將其作為指導，使我們在交付中保持誠實。

透過這種方式保持誠實需要時間、團隊的成熟度與定期反思的支持。我們很容易就會落入試圖用 ATDD 來檢查一切的陷阱。在結束本節之前，我想和大家分享一些團隊在使用 ATDD 時會陷入的反面模式（antipattern），我們應該注意。

單打獨鬥

ATDD 成功的關鍵不在於自動化，而是在於定義場景前的對話。團隊必須定期開會討論新功能，並合作以描述這些功能的場景。

合作對話的目標是在工作開始前消除任何溝通不良或誤解，讓團隊可以在第一時間交付正確的東西。如果整個團隊都同意場景描述，我們就可以放心地把它們自動化，知道當它們通過時，團隊已經交付了所要求的東西。

這裡的陷阱是獨自寫場景。這個寫場景的人有可能是團隊的另一位成員，也可能是你。問題出在於，如果我們少了對話的過程，就有可能把自己對需要交付內容產生的誤解編寫出來。然後，雖然自動化驗收檢查通過了，但所做的工作卻不符合業務的期望，這將會造成討厭又糟糕的重工。

試圖將一切自動化

讓人們進入會議室是一個好的開始，但是要保持專注。我們的目標是定義被要求交付的核心業務功能的使用場景。有時，這可能包含定義我們如何處理業務驗證時的負面場景。但是，我們並不想要捕捉一個功能可能會出錯的所有狀況。

請記住，重點是「第一次交付正確的東西」，而不是為每一種可能的情況撰寫自動化檢查。如果不這樣做，可能會導致一連串的場景無法抓住業務期望的本質，而且還產生大量價值不高又需要更多維護的程式碼。

8.2 模擬 Web API

自動化最大的挑戰之一，是減少我們從自動化中得到的偽陽性數量。有時它又稱為 flaky tests（不穩定的測試），這是由於自動化產品時的一些問題所造成的。其中兩個比較常見的問題是「狀態管理」和「Web API 與其他 API 之間的複雜依賴關係」。

為了展示這一點，讓我們回到第六章建立的自動化檢查，它將會建立一個預訂，以管理員身份登入，然後刪除預訂：

```
@Test
public void deleteBookingReturns202(){

    BookingDates dates = new BookingDates(
        LocalDate.of( 2021 , 1 , 1 ),
        LocalDate.of( 2021 , 1 , 3 )
    );

    Booking payload = new Booking(
        1,
        "Mark",
        "Winteringham",
        true,
        dates,
        "Breakfast"
```

```
    );

    Response bookingResponse = BookingApi.postBooking(payload);
    BookingResponse createdBookingResponse =
      bookingResponse.as(BookingResponse.class);

    Auth auth = new Auth("admin", "password");

    AuthResponse authResponse = AuthApi.postAuth(auth).as(AuthResponse.
      class);

    Response deleteResponse = BookingApi.deleteBooking(
            createdBookingResponse.getBookingid(),
            authResponse.getToken());

    assertEquals(202, deleteResponse.getStatusCode());
}
```

問題出在於：雖然這個檢查是 booking API 為主，但它依賴於一個有效的 auth API 來確保我們能夠授權刪除請求。這可以用圖 8.1 的依賴模型來表現。

圖 8.1 bookingAPIs 向 auth API 發送請求並得到正面回應

刪除預訂過程的成功取決於 auth API，這意味著 auth 的任何問題都會導致失敗，但這個失敗未必與 booking API 有關，無論是不正確的使用者帳號、auth API 的錯誤，還是 API 之間的連接問題。這可能會導致一個持續失敗的檢查，進而需要維護和除錯，這會降低對檢查本身的信任。

幸運的是，我們可以使用模擬 Web API 的函式庫來消除這些問題的影響，這些函式庫既可以幫助隔離被測試的 Web API，也可以控制進入其中的資訊流，如圖 8.2 所示。

圖 8.2　模型描述了 booking API 向模擬的 auth API 發送 token

有了一個模擬的 Web API，我們就可以設定它應該接收哪些請求、使用什麼格式，以及回傳哪些資訊。為了更好地理解模擬的 Web API 是如何運作的，讓我們來看看如何使用模擬工具 WireMock 來更新現有的檢查。

8.2.1　設定 WireMock

在開始模擬之前，我們需要先進行以下幾個步驟再來開始。

設置 booking API

為了讓自動化成功執行，我們會需要一個能在本地端執行的 booking API 來發送請求。還需要確保沒有其他東西在監聽 3004 連接埠，因為模擬的 auth API 將會被設置為使用該埠。對於這個活動，你可以從 api-strategy-book-resources 儲存庫的 chapter 8 資料夾中下載一個獨立的 booking API 副本（http://mng.bz/827K）。下載或複製該資源，並將第八章的模組載入到你的 IDE 中。然後使用你的 IDE 來執行 BookingApplication 類別中的 main 方法來建立和執行 booking API。

設置自動化程式碼

首先，我們要來建立實作模擬需要的所有東西，先從新的自動化檢查開始。在你的 BookingApiIT 類別中新增一個新的檢查，像這樣：

```
@Test
public void deleteBookingReturns202WithMocks(){
    BookingDates dates = new BookingDates(
            LocalDate.of( 2021 , 2 , 1 ),
            LocalDate.of( 2021 , 2 , 3 )
```

```
);

Booking payload = new Booking(
        1,
        "Mark",
        "Winteringham",
        true,
        dates,
        "Breakfast"
);

Response bookingResponse = BookingApi.postBooking(payload);
BookingResponse createdBookingResponse =
 bookingResponse.as(BookingResponse.class);

Response deleteResponse = BookingApi.deleteBooking(
        createdBookingResponse.getBookingid(),
        "abc123");

assertEquals(202, deleteResponse.getStatusCode());
}
```

請注意，我們已經刪除了對 auth API 的呼叫，並加入了一個要發送給 deleteBooking 的寫死 cookie 值。如果現在執行可能會失敗，因為 abc123 不是一個有效的 token。然而，我們將在檢查中加入模擬 API 來修正這個問題。

我們要使用的模擬函式庫是 WireMock，它可以讓我們在程式庫中建立模擬。WireMock 提供了一系列我們可以利用的功能。在我們的例子中，我們將使用 stubbing 功能來建立一個帶有 /validate 端點的模擬 auth API，讓正確的模擬 token 每次發送給它時都會回傳 OK。你可以前往 https://wiremock.org/ 了解更多 WireMock 的其他功能。

為了使用 WireMock，我們將 WireMock 的依賴關係放入 POM.xml 檔案：

```
<dependency>
    <groupId>com.github.tomakehurst</groupId>
    <artifactId>wiremock-jre8</artifactId>
```

```
        <version>2.30.1</version>
        <scope>test</scope>
</dependency>
```

8.2.2　建立模擬檢查

現在 API 已經設置好、程式碼也寫好了，讓我們開始更新檢查，這樣它就可以使用 WireMock 的 auth API 了。

更新 bookingapi 的 apiurl

因為我們現在是使用 restful-booker-platform 的本地端部署，所以第一步是將 BookingAPI 類別中的 apiUrl 更新為以下內容：

```
private static final String apiUrl = "http://localhost:3000/booking/";
```

這個變化意味著我們現在要把請求發送到 localhost，而不是 automationintesting.online 上。

設置 WireMock

現在我們準備設置 WireMock 來模擬 auth API。我們需要新增以下程式碼：

```
private static WireMockServer authMock;          宣告
                                                 WireMockServer

@BeforeAll                                       在每次測試前
public static void setupMock(){                  執行這個方法
    authMock = new WireMockServer(options().port(3004));   在3004連接
    authMock.start();        開始                           埠建立一個
}                            模擬                           WireMockServer

@AfterAll                                         每次測試後
public static void killMock(){                    執行此方法
    authMock.stop();         停止
}                            模擬
```

我們現在有了一個在 3004 連接埠監聽請求的模擬伺服器。這個時候，模擬伺服器並沒有設置任何端點，所以下一步是建立模擬的端點。

建立一個模擬的端點

為了建立端點，我們需要在檢查中新增以下程式碼：

```
authMock.stubFor(post("/auth/validate")
                .withRequestBody(equalToJson("{ \"token\": \"abc123\" }"))
                .willReturn(aResponse().withStatus(200)));
```

我們跟著下面每個步驟來更好地理解程式碼目前發生的事：

1. 我們在檢查開始前呼叫在 @BeforeAll **hook** 中建立的 authMock。

2. 為了建立模擬端點，我們呼叫 stubFor 並在其中新增端點的配置細節作為參數。

3. post() 方法宣告該端點是一個監聽 /auth/validate 路徑的 POST 端點。

4. withRequestBody() 允許我們設置請求本體包含哪些結構和資料的條件。在這個例子中，我們設定請求本體必須吻合 {"token": "abc123"}。請注意，該值與我們為 deleteBooking() 設置的 abc123 是一樣的。

5. willReturn 方法允許我們聲明如果請求符合模擬端點的期望，會提供什麼回應。在這個例子中，我們只需要一個 200 狀態碼，我們用 aResponse().withStatus(200) 來設定。

這樣就建立了模擬端點，並完成我們的檢查。最後結果是完成了以下檢查：

```
@Test
public void deleteBookingReturns202(){
    authMock.stubFor(post("/auth/validate")
            .withRequestBody(equalToJson("{ \"token\": \"abc123\" }"))
            .willReturn(aResponse().withStatus(200)));
```

```
BookingDates dates = new BookingDates(
        LocalDate.of( 2021 , 2 , 1 ),
        LocalDate.of( 2021 , 2 , 3 )

);

Booking payload = new Booking(
        1,
        "Mark",
        "Winteringham",
        true,
        dates,
        "Breakfast"
);

Response bookingResponse = BookingApi.postBooking(payload);
BookingResponse createdBookingResponse =
 bookingResponse.as(BookingResponse.class);

Response deleteResponse = BookingApi.deleteBooking(
        createdBookingResponse.getBookingid(),
        "abc123");

assertEquals(202, deleteResponse.getStatusCode());
}
```

現在，當檢查執行時，它將會向 /booking/{id} 發送一個 DELETE 請求，然後從請求 cookie 中獲取 token 並將其發送給模擬的 API。只要 token 的值與 abc123 匹配，當發送到模擬的 API，它將回傳一個肯定的資訊。否則，它就會失敗，導致檢查失敗。

完成上述任務後，我們現在對 booking API 的依賴行為有更多的掌握，如果我們遇到任何問題時也會更有信心，因為我們會清楚知道這些問題出在 booking API。

8.3 作為 pipeline 的一部分

在本章中，我們已經研究了一些創新的方法：使用工具和函式庫來指導工作，以及提高它們的穩定性和反饋。但是我們總會有想把自動化作為建構、檢查和部署的 pipeline 一部分來執行的時候。到目前為止，我們大部分的工作都是在 IDE 中完成的，要麼是針對 Web API 的部署，要麼是在檢查前執行本地端的 Web API。雖然這樣能開發自動化，但當我們想在 pipeline 中執行檢查時，該怎麼做？

與單元檢查不同，Web API 自動化要求 Web API 需要已經啟動並開始執行。更重要的是，如果要讓檢查作為 pipeline 的一部分被執行，就應該知道我們需要讓它們在特定環境中啟動和執行，比如持續整合（CI）的虛擬機中，而這與我們本地環境有所不同。為此，我們很可能會需要某種工具、函式庫或腳本，但是如何實作取決於我們的程式庫的組織方式、建構 pipeline 時使用的工具。

為了證實這一點，讓我們看看兩個不同的場景，在這些場景中，我們可以設置自動化檢查來執行。一個場景是假設我們的自動化已經與正式環境中的程式庫整合，另一個場景則是假設自動化是在一個獨立的位置，尚未進行整合。

8.3.1 與程式庫整合

雖然不是每一種情況都允許我們將自動化程式碼與正式程式碼放在同一個專案中，不過這麼做比較好。將自動化檢查作為專案中建構流程的一部分來執行，你不僅有能力更快地得到反饋（想想 Maven 建構流程中的測試與整合測試），而且還能讓我們在設置 Web API 以開始執行檢查時有更大的權限和控制。

用程式碼來設定

例如，使用 Spring Boot 函式庫提供的測試工具。因為我們正在使用的 Web API 是一個成熟專案的一部分，該專案提供了建立 Java Web API 的必要框架和工具，讓我們有機會使用 spring-boot-starter-test 這樣的工具來以寫程式的方式啟動 Web API。

為了利用這個函式庫，讓我們看看如何擴展上一節模擬的案例，這樣我們就不需要再自行啟動 booking API 了。首先，我們先在 pom.xml 中新增必要的依賴關係，如下所示：

```
<dependency>
    <groupId>org.springframework.boot</groupId>
    <artifactId>spring-boot-starter-test</artifactId>
    <version>2.5.4</version>
</dependency>
```

有了 spring-boot-starter-test，我們現在可以在 BookingApiIT 類別的頂部新增以下標註：

```
@ExtendWith(SpringExtension.class)
@SpringBootTest(webEnvironment = SpringBootTest.WebEnvironment.DEFINED_
    PORT, classes = BookingApplication.class)
@ActiveProfiles("dev")
public class BookingApiIT {
```

我們來看一下每個標註，了解它們是如何經由程式碼啟動 Web API：

1. @ExtendWith(SpringExtension.class) 用於連接 Junit5 和 Spring，使我們能夠將細節從 Junit 傳遞給 Web API。

2. 接下來我們使用 @SpringBootTest 來設定 booking API 的啟動。可以看到，我們提供了兩個參數：webEnvironment = SpringBootTest. WebEnvironment.DEFINED_PORT，它通知 SpringBootTest 從 .properties 檔載入定義的端點，然後 classes = BookingApplication.class，用來

告訴 `SpringBootTest` 哪個類別包含 `SpringApplication.run()` 方法，這個方法是用來啟動 Web API。

3. `@ActiveProfiles("dev")` 允許我們設定 Web API 要載入哪個 .properties 檔。當我們有不同的 properties 檔要用來設置 Web API 為「正式」或「測試」模式時（比如設定增加或減少日誌記錄，視我們想要的狀態而定），這會很有用。經由發送參數 dev，我們正在將 application-dev. properties 檔載入到 API 中。

有了這些程式碼，我們現在就可以在類別中執行 `deleteBookingReturns202()` 檢查。假設 booking API 已經關閉，而現在，當我們執行檢查時，我們可以在 log 中看到 API 啟動時的細節。

納入 pipeline

有了 `spring-boot-starter-test` 自動化了 Web API 的測試，要將這些工作納入 pipeline 的過程就變得很簡單。假設我們在 pom.xml 中安裝一個防故障外掛（如下所示），就能夠執行 `mvn clean install` 並看到 `BookingApiIT` 執行與 booking Web API 啟動：

```
<build>
    <plugins>
        <plugin>
            <groupId>org.apache.maven.plugins</groupId>
            <artifactId>maven-failsafe-plugin</artifactId>
            <version>2.22.2</version>
            <executions>
                <execution>
                    <goals>
                        <goal>integration-test</goal>
                        <goal>verify</goal>
                    </goals>
                    <configuration>
                        <includes>
                            <include>**/*IT</include>
                        </includes>
```

```
                    </configuration>
                </execution>
            </executions>
        </plugin>
    </plugins>
</build>
```

現在 Web API 的執行已經整合成 Maven 建構過程的一部分，我們只需要設置 CI 工具來執行 `mvn clean install` 就行了。

8.3.2 與程式庫分離

儘管將正式程式碼與自動化程式碼放在一個專案下始終是有益的，但並不是每個環境都允許我們這樣設置。有可能是組織結構，例如孤島式團隊（siloed team），意味著完成的工作被「傳過柵欄」到另一個團隊，彼此之間少有協作。又或者我們可能不得不處理那些以特定方式架構的軟體，這意味著程式庫可能已經被編譯了（例如擴展現有的平台時）。不過，不管原因是什麼，都不應該阻止我們將工作整合到 pipeline 中。

我們可以透過程式來設置 Web API，但這確實需要額外的工作。讓我們回到 `booking` API 的例子，想像一下這次我們正在使用一個已經被編譯為 JAR 檔的 Web API。我們將會需要處理兩件事：

■ 開啟 `booking` Web API

■ 等待 `booking` Web API 準備好接收請求

幸運的是，利用系統部署的現成的程式碼或腳本可以很容易地處理第一個步驟。其實就是執行一個基本的命令來執行一個 JAR 檔，例如 `java -jar example.jar`，或者也可能是利用 Docker 等工具來執行一個含有目標 Web API 的映像檔（這超出了本書的範圍）。

比較複雜的部分，是確保自動化在 Web API 能夠接收請求之前不會執行；否則我們就會從自動化檢查中收到錯誤的資訊。在這些情況下，我們很可能需要找到一個工具或寫一些程式碼，在 Web API 準備好並開始自動化檢查之前，將 pipeline 封鎖一定的時間。

我們有很多方法可以解決這個問題。例如，我們可以打造一個實用工具，作為 pipeline 的一環（就像我使用 NodeJS 為 restful-booker-platform 打造的監測應用程式：http://mng.bz/E0Rq）。或者，我們可以用預先檢查（preflight checks）來擴展自動化框架，以驗證 Web APIs 是否準備好接收請求，例如我們可以將以下這個 before hook 新增到 BookingApiIT：

```java
private static void waitForApi(String url, int timeoutLimit) throws
    InterruptedException {
    while(true){
        if(timeoutLimit == 0){
            fail("Unable to connect to Web API");
        }

        try{
            Response response = given().get(url);

            if(response.statusCode() != 200){
                timeoutLimit--;
                Thread.sleep(1000);
            } else {
                break;
            }
        } catch(Exception exception){
            timeoutLimit--;
            Thread.sleep(1000);
        }
    }
}
```

waitForAPI 方法接收參數 url 和 timeoutLimit，用來向我們選擇的端點發送請求。如果該請求由於連接錯誤或者沒有回傳 200 狀態碼而失敗，那麼該方法就會倒數 timeoutLimit，並在再次發送請求前等待一秒鐘。該方法可以透過以下其中一種方法來解決：

1. timeoutLimit 達到 0，並拋出一個 fail 斷言以表明問題。

2. 收到一個 200 回應，跳出 while 迴圈，意味著可以開始自動化檢查。

有了這些程式碼，我們就可以在 @BeforeAll hook 中呼叫該方法：

```
waitForApi("http://localhost:3000/booking/actuator/health", 20);
```

@BeforeAll 現在將每秒檢查 booking API 是否啟動並執行，這會持續二十秒。如果 Web API 到那時還沒有啟動，檢查將失敗，並回傳「API 不可用」的明確資訊。

值得強調的是，這個示範只是眾多方法的其中一種，在這些方法中，我們可以使用工具和（或）函式庫來讓 API 運作。不過重點是，任何無法輕易啟動 Web API 的 API 自動化框架都需要類似此行為的方法。

這種方法可能會讓一些人覺得不妥，因為它產生了更多需要維護的程式碼與更多的潛在故障點。這就是為什麼有時需要退一步，看看我們是否可以在環境中做出改變，讓正式環境與自動化程式緊密結合，因為這有可能會為未來的所有人節省時間。

總結

- 我們可以使用自動化驗收測試來減少「沒有在正確時間交付正確功能」的風險。

- 我們可以使用像 Cucumber 的工具來捕捉 Gherkin 的場景，接著為其設定失敗的自動化，再來建立正式程式碼，使該場景通過。

- 像這種測試中的 Web API 依賴於其他 Web API 的複雜情況，可能會導致檢查出現漏洞。

- 使用 WireMock 等工具替代依賴的 Web API，我們可以控制發送哪些資訊到要測試的 Web API 上，從而減少失誤。

- 在使用自動化時，Web API 需要處於運作狀態，我們可以透過撰寫程式來達成。

- 如果自動化檢查與正式程式碼存放在同一個專案中，我們可以利用各種工具和函式庫來執行 API，例如 `spring-boot-starter-test`。

- 如果自動化檢查與正式程式碼是分開存放，我們將需要在執行檢查前使用特定的工具或函式庫，讓 Web API 順利啟動與執行。

9

契約測試

本章涵蓋

- 什麼是契約測試,它能做什麼
- 如何建立與發布消費者契約測試
- 如何建立與驗證提供者契約測試

想像一下,你和團隊處在一個大型組織中,你負責一個大型 API 平台中的某個 Web API 的子集。你的團隊已經努力建立了一些健全的測試活動,而且你即將發布一個新功能。開發前的對話富有成效,探索性測試揭示了很多資訊,pipeline 上所有的自動化檢查都是綠色的。你部署了 API,卻發現一完成部署,平台就自動關閉並回傳錯誤,表示「發生了一些問題」。

接著便開始瘋狂除錯,你發現當團隊正忙於開發新的功能時,另一個負責你所依賴的 API 的團隊改變了它的端點,導致你的 API 無法再相互對話。儘管這個問題只需要更新 API 程式碼就可以解決,但問題依舊存在,誰能確保這類的問題不再發生？是你的團隊要負責向每個人通知任何變化，還是你所依賴的團隊要負責通知變化？這就是契約測試要解決的問題。

9.1 什麼是契約測試，它能提供什麼幫助？

契約測試（Contract testing）可以被視為這類溝通問題的程式解方。在理想情況下，我們希望鼓勵團隊在整合 API 時相互溝通變化與需求。然而，現實情況可能就不一樣了。一系列的因素可能使我們難以輕鬆地相互溝通，比如組織或文化問題導致團隊不願意分享，團隊位於不同的辦公室或國家，或者平台的複雜程度使我們難以看到這些變化會影響誰。契約測試試圖解決或至少減輕這些因素的影響，使用自動化框架來清楚建立 API 之間存在哪些整合，並在有破壞性變化（breaking change）時提醒我們。解釋契約測試如何工作的最好方法是用視覺化模型來呈現，如圖 9.1 所示。

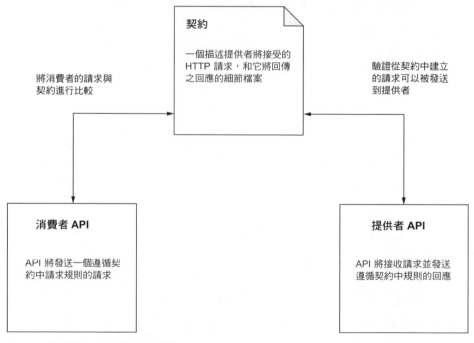

圖 9.1 模型描述了契約測試的關係與過程

基本上，契約測試可以分解成以下三個主要元素：

- **契約**（The contract）—HTTP 請求和 HTTP 回應的規則。

- **消費者**（The consumer）——一個或多個經由契約從不同 Web API「消費」資訊的 API。

- **提供者**（The provider）—經由契約向不同 Web API「提供」資料的 API。

正如我們在前面了解到的，為了確保消費者和提供者都能順利整合，雙方都必須遵守契約。如果消費者開始發送不同於契約的資料，或者提供者改變它所接收的資料，那麼整合就會失敗。因此，契約會跟消費者和提供者的 API 分開存放，以在任何時候用來驗證任何一個 API 是否仍然遵守契約。

例如，假設我們有一個契約規定了以下規則，以 HTTP 請求的形式表示：

```
POST /auth/validate HTTP/1.1
Host: example.com
Content-Type: application/json

{
    "token" : "abc"
}
```

除此之外，契約還規定要回傳 200 回應。我們可以用以下工具實作契約，將其作為一種方法來驗證每個 API 是否符合契約的規定：

- 對於消費者 API，我們會驗證從消費者 API 發出的 HTTP 請求是否符合契約中設定的所有規則。可以攔截 HTTP 請求並將其與契約進行比較，或者使用契約中的規則建立一個模擬模型。

- 對於提供者 API，我們可以使用契約中設置的規則建立並發送一個 HTTP 請求，並確認會回傳預期的狀態碼。

這樣做的想法是，如果消費者或提供者的 API 發生變化，意味著不再符合契約的規定，這給我們帶來兩種選擇：

■ 回復變化以符合契約

■ 更新契約

如果選擇了選項二，並且契約發生了變化，之後契約中另一頭的 API 在執行契約測試時將會失敗。這表示 API 之間的契約已經改變，需要進行更新。

9.2 建立一個契約測試框架

為了幫助我們學習如何實作契約測試，讓我們看一下 booking API 和 message API 之間的整合，如圖 9.2 所示。

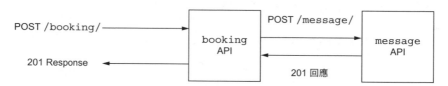

圖 9.2 描述 booking 和 message API 之間關係的模型

我們可以看到，booking API 是 POST /message 端點的消費者，而 message API 是端點的提供者。這代表我們首先需要為 booking API 建立一個消費者契約測試，然後再利用該測試的結果為 message 建立一個提供者契約測試。

練習的程式碼

在這個活動中，我們將要把契約測試加到 API 的程式庫中。booking 和 message API 的樣本已經被新增到本書的附錄程式庫中，可以在 chapter 9 的資料夾中找到：http://mng.bz/DD8y。這些樣本 API 包含了建立契約測試所需的所有正式與測試程式碼，以及每個契約測試的完整版本供參考。在我們進行下一步之前，請確保你有一份程式庫的副本已載入你的 IDE 中。我們也會預設你具備了一些實作 API 自動化的經驗，或者已經閱讀了本書的第六章。

9.2.1 使用 Pact

我們將使用 Pact 基金會打造的 Pact 函式庫來實作契約測試。Pact 之所以是契約測試的實用工具，是因為它實際上是一系列為消費者和提供者 API 服務的工具，支援大多數流行的語言，並為我們提供了儲存 API 之間共享之結果契約的能力。例如，在這個活動中，我們將使用以下功能：

- 用於 booking API 的 Pact 消費者函式庫。

- 用於 message API 的 Pact 提供者函式庫。

- 用於儲存契約和 API 關係的 Pact Broker。

契約測試模型是呈現這些函式如何合作的最好方式，如圖 9.3 所示，或者你可以閱讀官方文件來更了解 Pact：https://docs.pact.io。

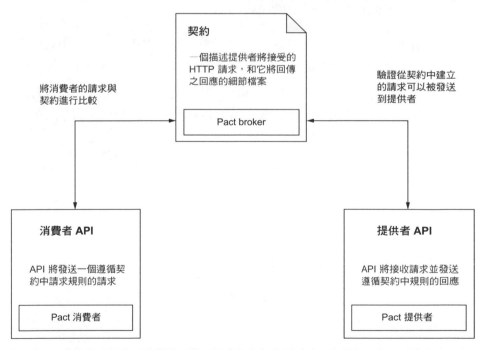

圖 9.3 一個擴展的契約測試模型，展示了我們在契約測試流程每個部分中可以使用的工具

首先為 booking API 建立消費者契約測試，一旦成功建立，將會建立一個 Pact。Pact 是一個 JSON 檔，描述消費者和提供者相互整合的 HTTP 請求與 HTTP 回應的規則。這裡有一些細節，例如使用什麼 URI，請求本體是什麼類型，預期的標頭為何……等等。一旦建立了 Pact，它就可以被發布到 Pact Broker，Pact Broker 會將 Pact 儲存以供我們之後取得與查看。Pact Broker 儲存了 Pact 之後，在 message API 中建立一個測試，從 Pact Broker 中提取 Pact，並使用它來驗證 message API 是否與契約中的規則相符。如果符合，提供者將通知 Pact Broker，告訴它 Pact 已經通過驗證。

第一次在程式庫中建立 Pact 時，感覺要理解很多東西，但讓我們一步一步來，首先實作消費者契約測試。

9.3 建立消費者契約測試

如前所述，Pact 有一系列的工具可以整合不同的語言和測試函式庫。如果我們使用相對常見的測試工具和 API 函式庫，Pact 就能提供工具來支援。在自動化活動中，我們一直使用 JUnit5 作為測試執行器，所以我們的 Pact 消費者測試庫也將使用 JUnit5 支援函式庫，我們在 pom.xml 中加入以下函式庫：

```
<dependency>
    <groupId>au.com.dius.pact.consumer</groupId>
    <artifactId>junit5</artifactId>
    <version>4.2.10</version>
</dependency>
```

9.3.1 將 Pact 新增到類別中

加入了函式庫之後，我們現在可以開始建立消費者測試。在 example.com 中建立一個名為 BookingMessageContractIT 的新類別，並加上以下標註：

```
@ExtendWith(PactConsumerTestExt.class)
@PactTestFor(providerName = "Message API", port = "3006")
```

```
@ExtendWith(SpringExtension.class)
@SpringBootTest(webEnvironment = SpringBootTest.WebEnvironment.DEFINED_
    PORT, classes = BookingApplication.class)
@ActiveProfiles("dev")
public class BookingMessageContractIT {

}
```

我們在第八章中探討的 `SpringExtension`、`SpringBootTest` 和 `ActiveProfile` 等標註，是用來在執行自動化之前用程式打開 booking API。而接下來會介紹其他新的標註：

■ `@ExtendWith(PactConsumerTestExt.class)` 允許 JUnit 連接到 Pact 的功能。

■ `@PactTestFor` 讓我們為 booking API 所依賴的提供者 API 加上細節。在這種情況下，因為 booking API 依賴於 message API，所以我們將提供者命名為 message API，並定義我們想要提供者監聽的連接埠。

9.3.2 建構消費者檢查

在第八章中，我們還研究了如何提供需要的所有細節來模擬一個真正的 API 端點。當建立一個消費者檢查時，我們也依照同樣的模擬模式，但這次是用 Pact 來模擬。也就是說，我們要在兩個 API 之間定義 Pact（也就是契約）。為此，我們新增以下程式碼：

```
@Pact(consumer="Booking API", provider="Message API")
public RequestResponsePact createPact(PactDslWithProvider builder) {
    MessagePayload message = new MessagePayload(
            "Mark Winteringham",
            "test@example.com",
            "012456789156",
            "You have a new booking!",
            "You have a new booking from Mark Winteringham. They
            have booked a room for the following dates: 2021-01-01
            to 2021-01-03");
```

```
        return builder
                .uponReceiving("Message")
                .path("/message/")
                .method("POST")
                .body(message.toString())
                .willRespondWith()
                .status(201)
                .toPact();
    }
```

首先使用 @Pact 標註來宣告要建立的契約：

```
@Pact(consumer="Booking API", provider="Message API")
```

這個標註定義了消費者（booking API）和提供者（message API）之間的關係。如果未來建立了與這兩個 API 的其中之一有關係的契約，我們將會使用與 @Pact 中設置的參數一樣的名稱，這樣當契約被發布時，它們將被分類在同一個 API 底下，我們就可以更容易在平台中建立每個 API 之間的關係。

接下來建立一個 MessagePayload：

```
MessagePayload message = new MessagePayload(
                "Mark Winteringham",
                "test@example.com",
                "012456789156",
                "You have a new booking!",
                "You have a new booking from Mark Winteringham. They
                have booked a room for the following dates: 2021-01-01
                to 2021-01-03");
```

這個 POJO 幫助我們定義 booking API 要發送給 message API 的負載結構，然後將其新增到 PactDslWithProvider 中，並定義我們希望如何設置 Message API 端點：

```
return builder
        .uponReceiving("Message")
        .path("/message/")
        .method("POST")
        .body(message.toString())
```

```
.willRespondWith()
.status(201)
.toPact();
```

我們可以看到，`builder` 允許我們設置以下內容：

- **uponReceiving**—允許我們用語言描述從消費者 API 發送到提供者 API 的內容，並將其新增到 Pact 文件中，該文件將進入 Pact Broker。在這個例子中，我們要發送一個簡單的訊息，所以命名為 `Message` 就可以了。

- **Path**—我們預期請求將要前往的 `Message` API 的 URI。

- **Method**—我們預期請求將要使用的 HTTP 方法。

- **Body**—我們預期端點將使用的請求本體。因為我們已經建立了一個基本的負載結構：一個將 `Message` POJO 轉換為以下的 JSON 的覆寫 `toString()` 函式：

```
{
    "name" : "Mark Winteringham",
    "email" : "test@example.com",
    "phone" : "012456789156",
    "subject" : "You have a new booking!",
    "description" : "You have a new booking from Mark Winteringham.
    They have booked a room for the following dates: 2021-01-01 to
    2021-01-03"
}
```

最後，我們新增 `willRespondWith()` 並宣告提供者應使用 `status()` 回傳 201 狀態碼，然後我們呼叫 `toPact()` 來完成定義，這樣就建立了兩個 API 之間的契約，並設定將要在契約測試中使用的模擬的 API，看起來會像這樣：

```
@Test
public void postBookingReturns201(){
    BookingDates dates = new BookingDates(
            LocalDate.of( 2021 , 1 , 1 ),
            LocalDate.of( 2021 , 1 , 3 )
    );
```

```
Booking payload = new Booking(
        1,
        "Mark",
        "Winteringham",
        true,
        dates,
        "Breakfast",
        "test@example.com",
        "012456789156"
);

Response response = BookingApi.postBooking(payload);

assertEquals(201, response.getStatusCode());
}
```

我們正在使用一個類似於第六章討論的方法來建立一個簡單的自動化檢查，
建立一個預訂並斷言 booking API 回傳的是正向回應。但是在底層中，如同
我們前面看到的，作為其流程的一部分，booking API 向我們用 Pact 建立的
模擬版本 message API 發送一個請求。當我們執行這個檢查時，如果發送到
模擬版本 message API 的請求與我們在 createPact() 方法中設置的標準完全
吻合，那麼就會向 booking API 發送一個 201 狀態碼，讓它成功完成其流程
並通過檢查。但更重要的是，target/pacts 資料夾中會建立一個 JSON 檔，記錄
兩個 API 之間的 Pact 或契約，如下所示：

```
{
  "consumer": {
    "name": "Booking API"
  },
  "interactions": [
    {
      "description": "Message",
      "request": {
        "body": {
          "description": "You have a new booking from Mark Winteringham.
          They have booked a room for the following dates: 2021-01-01
          to 2021-01-03",
          "email": "test@example.com",
```

```
          "name": "Mark Winteringham",
          "phone": "012456789156",
          "subject": "You have a new booking!"
        },
        "method": "POST",
        "path": "/message/"
      },
      "response": {
        "status": 201
      }
    }
  ],
  "metadata": {
    "pact-jvm": {
      "version": "4.2.10"
    },
    "pactSpecification": {
      "version": "3.0.0"
    }
  },
  "provider": {
    "name": "Message API"
  }
}
```

9.3.3 設置並發布到 Pact Broker

我們已經建立了一段能記錄 `booking` 和 `message` API 之間契約的 Pact 程式碼。下一步可能是查看提供者 API 並為其建立契約測試。然而，在進行之前，我們需要考慮如何儲存和分享從消費者契約測試中建立的 Pact 檔。

使用 Pact 為提供者 API 建立契約測試時，我們需要透過消費者契約測試中建立的 JSON 檔來設置相關參數以測試提供者 API。（我們很快會更詳細地探討這個問題。現在，我們只需要知道提供者契約測試需要 Pact 檔）。這意味著我們需要能將 JSON 存在提供者契約測試可以存取的地方。這也許很簡單，就是把檔案從消費者 API 專案的 target/pacts 資料夾複製到提供者 API 專案中。但如果我們在一個組織中工作，團隊不一定能存取對方的專案，我們還需要額外思考要複製哪份 JSON 到哪個專案，這讓事情變得更加複雜。幸運的是，Pact 基金會的開發團隊想到了這一點，因此建立了 Pact Broker。

Pact Broker 基本上就是一個 API，用於儲存契約測試建立的 JSON 檔（通常是 Pact 檔）。它為團隊提供了發布、審查和驗證契約的能力，它會如此實用的原因有以下幾點：

- **集中管理**—它提供了單一資訊來源，讓我們知道 API 之間存在哪些契約。

- **版本控制**—Pact Broker 還提供了對契約版本控制的能力。這有助於我們追蹤契約的歷史記錄，讓消費者和提供者有機會選擇使用哪個版本，並防止破壞性變化。我們也可以「驗證」變化，也就是說我們可以追蹤哪些提議的變化已經被實行、哪些還沒實行。

- **易於理解**—Pact Broker 將所有的契約都集中在同一個位置，還提供了所有 API 的關係模型，可以協助我們更加理解每個 API 之間的複雜性與依賴關係。

Pact Broker 可以自行設置並執行，你可以從 Pact Broker 的 GitHub（https://github.com/pact-foundation/pact_broker）了解更多。然而，我們的專案將使用 Pact Broker 的另一個 Pact 實作工具，也就是 Pactflow（https://pactflow.io）。Pactflow 是 Pact Broker 的線上實作版本，可以讓我們建立一個免費的專案，並上傳 Pact 檔來了解 Pact Broker 的運作方式。

建立 Pact Broker 的第一步是先到 https://pactflow.io/，建立一個免費的「Starter Plan」，這將會讓我們能夠發布多達五個免費契約。一旦我們設置完成，就會擁有一個專案與它的子網域；例如，https://restful-booker-platform.pactflow.io。專案 URL 是我們用來告知自己的專案向哪裡發送契約，以及會有一個 API token 來授權行動。在我們更新專案之前，請先記好以下內容：

- 你的 Pactflow 專案 URL

- 你的 Pactflow API token（可以在 Settings > API token 中找到）

將這些內容記錄下來後,接著需要更新 booking API 專案,使其能夠將 Pact
發布到 Pactflow,我們可以在 Maven 中新增這個外掛:

```
<plugin>
    <groupId>au.com.dius.pact.provider</groupId>
    <artifactId>maven</artifactId>
    <version>4.1.11</version>
    <configuration>
      <pactBrokerUrl>https://restful-booker-platform.pactflow.io
      </pactBrokerUrl>
      <pactBrokerToken>TOKEN123</pactBrokerToken> <!-- Replace TOKEN
      with the actual token -->
      <pactBrokerAuthenticationScheme>Bearer</pactBrokerAuthenticationScheme>
    </configuration>
</plugin>
```

可以看到,我們將 Pactflow 的專案 URL 新增到 `<pactBrokerUrl>` 元素中,
將我們 token 新增到 `<pactBrokerToken>` 元素中。外掛設定完畢後,將 Pact
JSON 檔放在 target/pacts 中,接著就可以在命令列介面執行以下指令,將 Pact
發布到 Pactflow:

```
mvn pact:publish
```

一旦執行成功,我們會看到一個告訴我們發布成功的訊息。我們也可以回到
Pactflow,在 Overview 中看到一個未經驗證的 Integration,類似於圖 9.4 所
示,這告訴我們發布已經成功了。

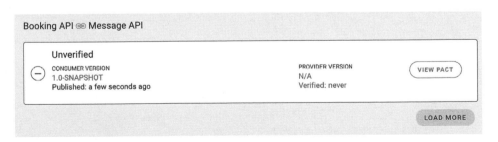

圖 9.4 Pactflow 中已發布但未經驗證的契約範例

9.4 建立提供者契約測試

隨著消費者契約測試通過並在 Pactflow 中發布，我們現在可以把注意力轉向提供者，以確認它是否遵循了消費者設定的期望。因此，我們將會：

1. 設定提供者專案以連接到 Pactflow 專案。

2. 將相關的契約下載到提供者 API。

3. 建立並發送基於每個契約的 HTTP 請求，以驗證請求是否有被接受，並且 API 以正確的方式進行回應。

為了幫助我們更好地理解，讓我們用一個提供者契約測試來設置 message API。

9.4.1 建立提供者契約測試

和前面一樣，首先要做的是在 message API 的 **pom.xml** 中新增必要的 Pact 依賴，如下所示：

```
<dependency>
    <groupId>au.com.dius.pact.provider</groupId>
    <artifactId>junit5</artifactId>
    <version>4.2.10</version>
</dependency>
```

注意，groupId 已經從 au.com.dius.pact.consumer 改為 au.com.dius.pact.provider。

安裝完 Pact 函式庫，接下來在 com.example 封包中建立測試類別 MessageBookingVerifyIT，並在該類別中新增以下標註：

```
@Provider("Message API")
@PactBroker(url = "https://restful-booker-platform.pactflow.io",
    authentication = @PactBrokerAuth(token = "TOKEN"))

@ExtendWith(SpringExtension.class)
```

```
@SpringBootTest(webEnvironment = SpringBootTest.WebEnvironment.
DEFINED_PORT,
    classes = MessageApplication.class)
@ActiveProfiles("dev")
public class MessageBookingVerifyIT {

}
```

類似於我們設定的其他測試類別，我們在該類別中新增了 Spring 標註，以便在開始驗證契約之前開啟 API。但我們同時也新增了以下兩個新的標註：

- **@Provider**—設定我們要執行契約測試的提供者 API 的名稱。請注意，我們在這個標註中使用了與消費者合約測試中的 @Pact 完全相同的名稱：Message API。

- **@PactBroker**—設定我們要連接的 Pact Broker，包括 Pact Broker 的 URL（在這個例子中是 Pactflow）和使用 @PactBrokerAuth 標註來提供的 API token。

在新增了標註後，我們可以新增一個 @BeforeEach hook 來設置契約測試，這個 hook 將為契約測試新增一些設定細節，像這樣：

```
@BeforeEach
void before(PactVerificationContext context) {
    System.setProperty("pact.verifier.publishResults", "true");

    context.setTarget(new HttpTestTarget("localhost", 3006, "/"));
}
```

為了拆解這個 hook，我們要做兩件事：

- 首先，我們要設置一個系統屬性，使 Pact 能夠將契約測試的結果發布回 Pactflow。正常情況下，pact.verifier.publishResults 會被設置為 false，所以如果不新增這個設置，將會導致 Pactflow 中的任何契約無法被驗證。

■ 其次，我們要向 hook 傳遞一個 `PactVerificationContext` 參數，這樣我們就可以透過提供者 API 的設置細節來更新它，以便針對它執行契約測試。

最後，我們透過新增以下內容來完成契約測試：

```
@TestTemplate
@ExtendWith(PactVerificationInvocationContextProvider.class)
void pactVerificationTestTemplate(PactVerificationContext context) {
    context.verifyInteraction();
}
```

與消費者契約測試不同的是，我們建立了一個 HTTP 請求並斷言了 HTTP 回應，這次我們使用 JUnit5 的內建的 `@TestTemplate` 功能，並使用 `PactVerificationInvocationContextProvider` 對其進行擴展，以允許 Pact 為 Pact Broker 中每個標記為 Message API 的契約動態地建立一個 JUnit 測試。

當我們執行 `pactVerficationTestTemplate()` 方法時，它將下載任何標記為 Message API 提供者的契約（如 `@Provider` 標註所設置的），根據契約中存在的規則建立 HTTP 請求，如果回傳預期的回應，則契約通過驗證。一旦契約通過驗證，驗證的細節就會被推送到 Pactflow，成功執行後即如圖 9.5 所示。

圖 9.5　Pactflow 中已發布的驗證契約的例子

9.4.2 測試變化

我們已經成功在 booking 和 message API 間建立了契約。現在，讓我們來模擬一種情況：當消費者 API（也就是 booking API）改變了提供者必須遵守的契約。

讓我們回到 booking API 專案中的消費者契約測試，並將我們在 createPact 方法中建立的模擬回傳的狀態碼更新為類似以下的程式碼：

```
return builder
            .uponReceiving("Message")
            .path("/message/")
            .method("POST")
            .body(message.toString())
            .willRespondWith()
            .status(200)
            .toPact();
```

在我們的更新中，我們已經將狀態碼從 201 改為 200。這是一個非常簡單的變化，但它將證明當契約發生輕微變化時會發生什麼事，以及它們對 API 整合的影響。現在，當我們執行 postBookingReturns201() 契約測試時，我們會看到在 target/pacts 中的 JSON 檔反映了變化，如下：

```
"response": {
  "status": 200
}
```

我們在契約中的一個修改，需要再次執行 mvn pact:publish 來推送到 Pactflow。如果整合再次被標記為未驗證，我們就可以知道更新後的契約已經發布了。

最後，既然我們已經對契約進行了修改，我們就可以回到 message API 專案，再次執行 pactVerificationTestTemplate()，結果發現測試記錄中出現了如下的失敗：

```
Pending Failures:

1) Verifying a pact between Booking API and Message API - Message:
   has status code 200

   1.1) status: expected status of 200 but was 201
```

正如我們先前所討論的，這鼓勵我們與消費者團隊交談，以更好地了解他們的需求，並確定是否要更新狀態碼以反映消費者的需求。

9.5 契約測試作為測試策略的一部分

與其他自動化方法相比，契約測試方法的新穎之處在於，它既類似於我們學過的其他自動化方式，能用來確認我們對系統的假設，也可以用來澄清團隊之間的誤解和溝通誤會，其方式類似於測試 API 設計，雖然它比較有限。我們的測試策略模型顯示，契約測試可以幫助我們減輕專案中想像區域的風險，並且可以幫助我們確認預期的結果，如圖 9.6 所示。

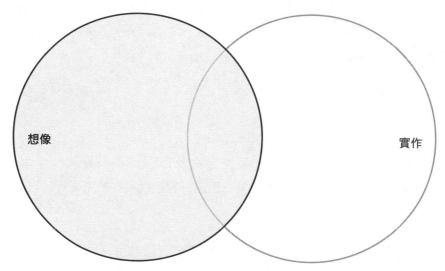

想像   實作

圖 9.6 模型顯示了契約測試如何在測試策略中的想像區域中，提供我們測試上的幫助

無論是消費者或提供者，一個失敗的契約測試是一個極好的機會，讓我們更好地理解期望 API 要如何一起運作，或者開啟 API 的負責人之間的對話。有時候，這種誤解只是更新程式碼以符合契約即可的簡單情況，但有些時候，它可能會引發更深入的討論，而這很有可能會揭示新的風險。

總結

- 契約測試是一種確保團隊之間相互溝通 API 變化的一種程式方法。

- 契約測試的工作原理是建立一個契約，用來驗證消費者和提供者的 API 都遵守契約。

- 建立契約測試的一個常用工具是 Pact，它是一個工具集，允許我們針對消費者和提供者的 API 執行契約測試。

- 我們可以在 Pact Broker 中儲存 API 之間定義的契約，它提供了一種在一個集中位置儲存並對契約版本管控的方法。

- 當消費者契約測試通過後，我們將 Pact 產生的 JSON 發布到 Pact Broker 中，再由提供者進行驗證。

- 我們可以設定一個提供者契約測試，從 Pact Broker 下載契約，並使用它們來驗證提供者 API 是否符合預期。

- 改變消費者一方或提供者一方的契約，經過驗證的契約就會被破壞，進而觸發團隊之間開始對話或通知團隊更新契約。

10 效能測試

本章涵蓋

- 如何管理效能測試的期待
- 如何規劃與實作效能測試
- 如何執行效能測試並分析其結果

效能測試是一個說明為什麼我們在測試策略中應該以品質特性為動力的好例子。通常效能被認為是一種「非功能性需求」,但正如我的同事 Richard Bradshaw 曾經說過,「如果我的應用程式的功能都能正常運作,但是當我使用時,它卻需要超過一分鐘的時間來回應我,那麼它給我的感覺就不是很實用」。

刻意區分「功能性需求」與「非功能性需求」的問題在於,它有時會暗示一種上下等級,或是優先順序,也就是應該優先關注哪些測試。這就是為什麼有一些專案會在結尾時倉促結束效能測試,用有限的時間、資源來規劃、實作、執行與分析應用程式在特定情況下的表現。然而，如果我們把效能視為與其他較「傳統」的特性（例如完整性、穩定性和可維護性）同等重要的品質特性，我們就會開始意識到，效能在某些情況下是一種進階的品質特性，它應該在測試策略中優先考慮。

因此，在這一章中，我們不僅要學習什麼是效能測試、如何將其作為一種測試活動來實作，並且還要建立一個流程，使我們能夠以迭代方式管理效能測試，使其成為測試策略的一環。

10.1 規劃一個效能測試

在效能測試中，最常見的陷阱是缺乏規劃。效能測試會產生大量需要分析和解讀的資料。如果我們對想要知道的東西沒有明確的概念，我們如何能確定產品的效能是高品質還是低品質呢？根據我的經驗，這會導致從效能測試的結果中做出假設的情況，而沒有任何真正的證據來支持它們——結果在一知半解的情況下進行效能修復，以及多次測試執行後發現改善的效果不顯著，或者與之前的執行結果有所矛盾。

因為效能測試需要投入一定的時間和資源，所以重點是要制定一個考慮到以下問題的計畫：

- 我們想做什麼類型的效能測試？

- 在效能測試期間，我們想測量哪些指標？

- 我們希望產品能達到什麼樣的效能目標？

10.1.1 效能測試的類型

我們首先深入探討一下效能測試的含意，因為很多方法都會用這個專有名詞來統稱。產品會根據我們想了解的情況來決定要進行什麼類型的效能測試。我們最常實作的類型包括以下幾種：

- 負載測試（Load test）

- 壓力測試（Stress test）

- 浸泡測試（Soak test）

- 基準測試（Baseline test）

負載測試（Load test）

負載測試是用來幫助我們了解應用程式在承受合理的或預期的請求水平時，可能會有什麼表現。在負載測試中，應用程式要能承受一定數量的請求，這些請求數量可以是估算出來的，也可以是基於某種統計數據而產生的。負載測試可以幫助我們評估應用程式是否符合可用性、並行性或吞吐量以及回應時間等效能目標（我們很快就會深入了解）。

我們的目標是了解應用程式如何在最接近實際使用的情況下工作，所以負載測試通常包含與網站互動時出現的延遲和停頓，例如使用者填寫表格或其他應用程式執行操作。

壓力測試（Stress test）

如果說負載測試向我們展示了產品將如何處理預期的負載量，那麼壓力測試則是試圖將產品推向極限來知道該極限在哪裡。通常，壓力測試會慢慢增加存取我們應用程式的虛擬使用者數量，直到負載量開始為應用程式帶來壓力，這可能會導致它出現錯誤或不可接受的請求回應時間。

這些資訊可以幫助我們建立應用程式的容量，並確定這是否可以接受。我們還可以了解到應用程式的容量水準，例如效能在什麼時候會下降、應用程式會在什麼時候無法使用。這種技術也可以幫助我們更好地了解應用程式在受到像是分散式阻斷服務攻擊（DDoS）時該如何應對。

浸泡測試（Soak test）

不是所有的效能問題都與應用程式承受的負載量有關。這類問題有可能會隨著時間浮現，而原因有可能是記憶體流失或伺服器被太多的資料填滿。因此，在浸泡測試中，目標是在長時間內執行有限的負載量。與執行一兩個小時的負載測試或壓力測試不同，浸泡測試可能要執行數小時，以試圖觸發在實際情況下可能表現出來的潛在效能問題。其目的是觀察在浸泡測試的後期，在回應時間或硬體使用（CPU、RAM、磁碟 I/O 等）等方面是否出現峰值（spike）。

基準測試（Baseline test）

基準測試通常與其他類型的測試一起進行，例如負載和壓力。與其他產生大量虛擬使用者的效能測試不同，基準測試是在測試單一虛擬使用者執行一定的次數後的結果。從這個測試中整理出來的資訊，可以用來與負載或壓力測試的結果進行比較，以確定隨著我們應用程式的負載增加，可能出現的效能下降程度。例如，單一虛擬使用者的基線測試可能顯示 CPU 使用率為 30%，但當負載測試執行 100 個虛擬使用者時，CPU 使用率達到 35% 的峰值。單次執行的 30% 的使用率可能並不理想，但兩個結果之間的比較表明了應用程式是相對有能力承擔負載的。

我們從這些不同的方法中可以看到，從應用程式失效前所能承受的負載極限，到它如何處理長時間的持續負載等，都可以讓我們獲得一系列的資訊。執行每種類型的測試來作為更廣泛的效能測試策略的一部分是很常見的，因為每個方法的差別不是在於測試的**內容**，而是應用程式的**負載量**。我們可以重複使用效能測試腳本，並只需要修改 ramp-up 設定，其中包括我們要產生的虛擬使用者數量與要應用他們的時間，這樣就能實作這些不同的方法。

10.1.2　效能測試的測量類型

了解不同的效能測試方法可以幫助我們知道如何深入應用，但同時也需要注意我們有不同的指標來衡量效能測試以判斷是否成功。根據想要了解的內容，我們將決定應用程式需要追蹤的指標。一些比較常見的指標包括以下幾種：

- **可用性（Availability）**—當一個應用程式承受負載時，我們要確保它能正常運作、可以使用服務。應用負載時，我們可以追蹤系統的回應情況來測量應用程式是否仍有執行並且可被使用。例如，我們可以查看 400 和 500 狀態碼，看看它們是不是在系統負載過重時開始出現。

- **回應時間（Response time）**—雖然可用性很重要，但應用程式在負載下的回應速度也很重要。為了了解一個應用程式的回應情況，我們可以觀察從發送一個請求到收到回應的時間。平均回應時間越長，或是一定比例的回應時間越長（例如，前 10% 長的回應時間），系統的效能就相對越慢。

- **吞吐量（Throughput）**—吞吐量允許我們測量事件發生的速度，或者單位時間內成功處理的資料量。例如，我們可以測量一秒鐘內處理的請求數量，看看這個數量是否隨著負載提高而增加，或者是否在特定的時間趨於平緩。

- **使用率（Utilization）**—當一個應用程式承受較高負載時，它將使用更多的資源，例如 CPU、記憶體或網路頻寬。因此，我們可能會需要評估一個特定的資源類型可能使用的容量百分比。例如，我們可能會想觀察一個應用程式的流量消耗了多少網路頻寬，或者當有一千個訪客時，伺服器使用的記憶體量。這些資訊也可以與可用性、回應時間和吞吐量等其他指標結合使用以辨別問題。

這些是我們可能會關注的幾個常見指標，許多效能測試工具都有提供追蹤這些指標的能力。如果可以一次追蹤所有的指標，然後在效能測試結束時觀察情況，這樣聽起來相當吸引人。但難題就在於，我們從每一個區塊得到的資訊量可能會過多。因此，建立明確的效能測試目標可以幫助我們辨別哪些是要追蹤的指標，哪些是要（暫時）忽略的指標。

10.1.3 建立效能測試的目標和關鍵效能指標（KPI）

為了建立效能測試目標，我們需要注意想要做的測試類型和想要測量的東西。為了幫助我們更好地理解，下面是我們可能會設定的一些效能測試目標的例子：

■ 當 5,000 個或以上的虛擬使用者並行連接時，可用性應該要大於 99%。

■ 當 200 個虛擬使用者在 24 小時內並行連接時，平均回應時間應該要維持低於 1,000 ms。

■ 當 2,000 個虛擬使用者並行連接時，網路使用率應該要低於 50%。

可以看到，每個目標都提示著我們應該進行哪種測試。第一個例子建議進行壓力測試，而第二個例子可能是進行浸泡測試。每個目標都清楚地說明了量化目標，以幫助我們在完成效能測試後評估結果，並確定下一步需要做什麼。

我們對 restful-booker-plaftorm 的效能目標是什麼？我們如何確定一個優先順序？前面我們辨識出的品質特性可以再次協助我們設定目標。讓我們回想一下前面辨識的品質特性有：

■ 直觀性

■ 完整性

■ 穩定性

■ 隱私性

■ 可用性

為了確定目標，我們可以考慮效能風險會如何影響產品的穩定性和可用性。如果 restful-booker-platform 在高負載下開始回傳錯誤訊息，那麼這兩個特性就會受到影響。因此，我們的指標可能會是根據可用性來規劃（提示：可用性一詞在品質特性與指標都有出現）。有了測量的方向，接著需要確定量化指標來衡量成功。在 restful-booker-platform 範例中，經過一些分析之後，我們可能會知道：

- 我們希望常規使用者數量在 40 人左右，因為 restful-booker-platform 的目標是小型民宿店家，使用者數量不多。

- 客戶希望 restful-booker-platform 至少有 95% 的時間是可用的。

這些細節可能來自於與使用者的對話，或是來自於測量使用者行為的工具所得到的分析指標。根據這些資訊，我們可以把效能測試的目標訂定為：

> 當 40 個虛擬使用者連接到系統時，可用性應該要大於 95%。

這個目標讓我們針對建立效能測試時要採取什麼步驟有了想法。也許我們可以為 40 個虛擬使用者建立一個負載測試，或者可以對超過 40 個使用者的應用程式進行壓力測試，以了解我們系統的真正能力。但是，在建立測試之前，還需要思考要取得哪些資料來幫助我們回答是否達到了目標。這就是為什麼除了制定效能目標，還需要確定關鍵效能指標。

儘管從效能測試工具取得的資料可以幫助我們了解系統在負載下的狀況，但它不一定能顯示根本原因。為了更好地理解為什麼一個系統在負載下會有特定的行為，我們收集的 KPI 相當重要，當我們發現問題時，即可以對發生的事情做一個根本原因分析。我們還可以將這些 KPI 與效能測試工具的指標結合，以確定應用程式是否達到了預期的效能測試目標。

我們想要追蹤的 KPI 可能包括：

- **低層 KPI**—低層 KPI 側重於所有軟體使用的常見資源。這包括 CPU 或 RAM 使用量、實體硬碟空間或網路 I/O 或網路介面的指標，例如頻寬與吞吐量。

- **伺服器 KPI**—伺服器 KPI 包含了組成 Web API 的伺服器中收集的任何指標，這可能包括 IIS、Spring Boot、Tomcat 或 Ruby on Rails 等等的伺服器工具。

- **資料庫 KPI**—如果應用程式有某種持久層來儲存資料，那麼我們可能會想從資料庫（例如 MySQL、Oracle、SQL Server 或 NoSQL/XML）追蹤相關指標。這可以幫助我們了解在某個特定時間儲存了多少資料，資料庫正在使用的資源，或在特定時間點記錄的 lock 的細節。

我們追蹤哪些 KPI 將取決於應用程式所使用的工具和函式庫。因此，我們會需要進行一些調查，以確認我們想要追蹤和可以追蹤的部分。例如，restful-booker-platform 可以用 Docker 進行部署；因此，我們可以取得 Docker 相關的資料，包括 CPU 使用量、記憶體使用量 / 限制，以及 I/O 的詳細資訊等。知道哪些 KPI 可以取得，我們就可以將這些因素納入效能測試計畫。

將效能測試目標和想要追蹤的 KPI 串連在一起，將提供我們需要探究的細節。現在我們知道了要用效能工具來測量哪些指標，並且需要其他工具來調查和儲存 KPI 資料。下一步就是開始開發要用來執行的效能測試腳本。

小練習 🖊

思考一下你可能想對你的 API 平台進行的效能測試。你的效能測試目標是什麼？花點時間來解決以下問題：

- 你要執行哪種類型的測試：壓力測試、負載測試，還是浸泡測試？
- 你想測量什麼：回應時間、可用性還是吞吐量等？
- 你想追蹤哪些 KPI ？

然後，把你想實現的效能測試目標放在一起。

10.1.4　建立使用者流程

有了計畫，我們就可以把注意力轉向效能測試腳本在執行時要做什麼事，這就需要規劃出效能測試腳本將如何執行。如果只是建立一個腳本，列出每一個 API 的端點，然後向它們送出大量的負載是遠遠不夠的（如果我們想要了解系統如何處理 DDoS 攻擊，這麼做可能會有幫助）。回傳的結果並不能代表產品在現實生活中的使用情況，這可能會導致要修復什麼以及何時再次進行效能測試上的決策出現浪費。

為了建立一個能提供相關且有價值資訊的效能測試腳本，需要注意效能測試的一個核心原則：

> 效能測試應該在合理的情況下盡可能地反映正式環境中真實的使用者行為。

意思就是我們要建立一個效能測試腳本，盡可能地模擬使用者行為。儘管我們無法完全複製使用者的步驟和互動，但試圖盡可能地接近會讓指標更準確。我們需要分析和捕捉使用者如何與系統互動（或者在沒有使用者資料的情況下，我們對他們如何使用系統的預期），然後利用這些資訊來捕捉使用者流程（user flow）。為了幫助我們更好地理解使用者流程的含義，讓我們看一個例子，它記錄了民宿管理員在沙盒 API 中建立一個預訂，如圖 10.1 所示。

這個使用者流程可以分成三個部分：

■ 使用者流程的描述與負載細節

■ 使用者流程的步驟

■ 使用者流程的資料需求

```
User flow:          Admin makes a booking
Description:        An admin loads up the report view and makes a booking
Virtual users:      2
Injection profile:  Ramp up 1 minute (1 admin per minute)
Duration:           31000 (Deviance 9500)

Step    Action                          Test Data               System time (ms)    User think time (ms)
1       Admin loads login page          None                    2000
2       Admin logs into site            None                                        5000 (Deviance 2500)
3       System logs admin into site     None                    2000
4       Admin clicks on report          None                                        2000 (Deviance 1000)
5       System returns report           <Rooms>, <Bookings>     2000
6       Admin loads up booking form     None                                        2000 (Deviance 1000)
7       System returns room details     <Rooms>                 2000
8       Admin completes booking         None                                        10000 (Deviance 5000)
9       System confirms booking         None                    2000

<Rooms>
| roomNumber | roomPrice | roomId | type | image | features | description | accessible |

<Bookings>
| bookingid | checkin | checkout | depositpaid | email | firstname | lastname | phone | roomid |
```

圖 10.1　民宿管理員建立預訂流程的使用者流程文件例子

效能測試素材範例

為了幫助學習效能測試，本書所附的 GitHub repo 加入了一系列的使用者流程、效能測試腳本和效能測試結果的案例。你可以在 Chapter 10 的資料夾（http://mng.bz/lREj）中查看一系列使用者流程的圖表。

使用者流程的描述與負載細節

使用者流程的描述和負載細節是用來捕捉使用者流程的名稱、描述和想在效能測試腳本中套用多少負載或多少虛擬使用者。在我們的使用者流程範例中，虛擬使用者數量被設置得很低：兩個。但這表明，儘管在這個特定的流程中，虛擬使用者數量非常低，但我們希望效能測試腳本是由許多使用者流程組成的。使用者會用許多不同的方式來與我們的系統互動，這意味著我們應該捕捉許多不同的使用者流程來模擬真實的使用者互動。因此，儘管現在的虛擬使用者數量很低，但隨著增加新的使用者流程，效能測試負載將會越來越大。

Injection profile 負責捕捉我們想在測試中具體應用的負載。使用者登入網站的方式會因為不同的環境而有所差異,並且使用者也不會每次都在同一時間登入網站。這意味著我們可以採用單次且大量的配置,讓所有的負載在同一時間新增。或者另一種配置,一段時間內穩定地應用負載,可以是快速增加或緩慢增加。由於範例中的虛擬使用者數量很低,因此我們設置一個短暫的上升期,每分鐘增加一個虛擬使用者。

最後,持續時間是隨機取樣下,估算使用者流程執行一個週期所需的時間(很快會介紹更多內容),可以用估算值來計算出我們認為執行效能測試可能需要多久時間。當執行效能測試時,可以選擇將使用者流程無限循環直到我們手動關閉。或者可能希望它在完成一個使用者流程循環後即自動停止。如果選擇後者,即可以使用持續時間和 Injection profile 來了解我們期望的使用者流程需要多久時間。對於範例中的使用者流程,我們希望它執行時間介於 1 分 31 秒到 1 分 45 秒間。有鑑於這對執行效能測試來說是相當短的時間,我們選擇用 10 分鐘無限執行使用者流程,然後手動退出腳本。

使用者流程的步驟

使用者流程中的步驟可以捕捉到我們期望使用者做的每個行為,以及系統將會有什麼行為。例如,請看其中一個使用者步驟:

管理員完成預訂

可以看到這個步驟的設計是為了指示我們期望使用者做什麼,但是它並沒有深入細節。這使我們能夠在使用者流程中捕捉來自技術和業務團隊成員的期望。這個步驟提供了足夠的資訊,告訴我們在效能測試腳本中需要捕捉什麼。在這個範例的步驟中,我們將需要發送一個 HTTP 請求到 POST / booking/。但它並沒有在使用者流程中進行詳細的描述,以至於難以閱讀或維護。

每個步驟也包含了需要什麼測試資料的細節。測試資料是效能測試中的一項重要因素,當建立效能測試腳本時,如果能夠預先確定需要什麼資料,就可以節省時間。為了確保步驟表格易於閱讀，測試資料行也包含對資料需求的引用，並在步驟內詳細說明。因此，舉例來說，在步驟中：

> 系統回傳房間細節

我們可以看到它需要回傳 <Rooms> 的測試資料。這一行可以用來捕捉腳本開始時需要在系統中的測試資料，或者效能測試腳本在測試過程中將要使用的測試資料，這些資料可能儲存在 .csv 檔或類似的檔案中。

最後，我們有「系統時間」和「使用者思考時間」。這些資料行記錄了我們希望應用程式回應所需時間或使用者發送請求所需時間的估計值。系統時間這一行，每一個步驟都有一個通用的 2,000 毫秒，因為此時尚不知道系統實際會回應時間多長，所以我們加入了一個可以接受的保守估計值。使用者思考時間則略有不同。因為我們希望腳本能夠代表使用者，所以需要加入與使用者行為相似的等待時間。因為沒有使用者會在 10 毫秒內連續且重覆發出所有請求。在腳本中嘗試這麼做也會帶來不夠精準的結果。在步驟中加入等待時間，代表使用者（或其他應用程式，這取決於我們的情境）建立一個請求並發送的時間。因此，我們加入一個估計時間，再加上一個偏差時間，這代表範例中的使用者時間將會如下：

> 5000（偏差 2500）

我們預期使用者花費 2.5~7.5 秒來發送他們的請求。會有這種變異性是因為並非所有使用者都會在相同的時間內進行互動，雖然這意味著沒有一個效能測試會有完全相同的執行過程，但它確實增添了真實性。

使用者流程的資料需求

在使用者流程的底部，我們可以更詳細地描繪出對資料的要求。每個資料集的標題會參照使用者流程的步驟，以使我們的需求更加明確。這樣可以清楚規劃出我們所需要的測試資料，並且提供如何產出所需資料的指示。例如，在建立 <Bookings> 時，我使用了一個叫做 Mockaroo 的工具（https://www.

mockaroo.com/），它提供了不同的隨機資料集來使用。假設我已經知道預訂需要一個電話號碼，我可以使用 Mockaroo 中的電話號碼隨機產生器來建立所需的資料。

一旦有了一個完整的使用者流程，就會更清楚知道我們的效能測試腳本需要什麼，例如：

- 在使用者流程週期中預期使用者採取的步驟。

- 一個使用者流程週期的大致時間，以協助估算效能測試時間。

- 當應用程式被設置為對其執行效能測試時，我們需要哪些資料。

- 當我們執行效能測試腳本時，需要哪些輸入資料。例如，預訂細節。

這些對規劃效能測試腳本來說不可或缺，但是捕捉使用者流程的真正好處是，它允許我們在建立程式碼的同時確立效能測試將做什麼，並且它也允許我們針對規劃進行迭代。

理想情況下，我們希望效能測試腳本能夠隨著產品一起發展。使用者流程提供了一個效能測試的資訊來源，讓我們可以在新的變化出現時進行迭代。與其等待所有東西建立完成再來執行第一個效能測試，我們其實有機會先在系統中建立我們的使用者流程。試想一下我們的沙盒 API 仍在建構當中，目前只能建立一個預訂。此時我們將捕獲預訂的使用者流程，並以此為基礎來執行效能測試。然後，當品牌相關功能被建立時，我們可以為品牌建立一個新的使用者流程，並將其新增到效能測試腳本中。這使我們能夠對效能測試進行迭代，當系統被建立得更完善、我們對系統了解更多時，我們就能對變化做出反應。

小練習

一個效能測試腳本是由多個使用者流程組成，這意味著我們需要更多的使用者流程。請試著為「訪客預訂」建立一個新的使用者流程腳本，在這個流程中，訪客登入網站，找到一個房間，並進行預訂。你可以將你產出的使用者流程和第十章資料夾中的其他範例進行比較（http://mng.bz/WM1x）。

10.2　實作效能測試

有了使用者流程，接下來我們要把流程轉化為一個效能測試腳本。我們將依照步驟來實現我們使用者流程的範例，模擬管理員建立一個預訂。

10.2.1　設置效能測試工具

我們選擇的效能測試工具是 Apache JMeter，它是一個開源的效能測試工具，提供了一系列的外掛程式與工具。儘管市面上有許多付費或免費效能測試工具，但是 Jmeter 工具已經有二十多年的累積（第一個版本是在 1998 年），它能給予我們建立效能測試需要的所有工具，例如：

- 打造請求的 HTTP sampler
- 變數管理
- Cookie 和 HTTP 標頭管理器
- 邏輯控制器
- CSV 資料載入器

我們將會在建立腳本時使用上述這些工具。

分散式設置

進行效能測試時,其中一個挑戰是建立負載的資源需求。一個效能測試會使用相當多的 CPU、記憶體和網路 I/O,如果我們執行腳本的資源有限,將會產生問題。如果執行一個效能測試時缺乏這些必要的資源,它就會影響我們的結果。例如,如果一個效能測試已經把網路 I/O 都用完了,我們可能會開始記錄到高回應率,但這並不是被測系統的問題,而是我們設置效能測試時的問題。

我們想確保從效能測試中得到的結果是準確的。為了應對資源問題,我們可以利用 JMeter 的另一個功能:在分散式架構中執行我們的效能測試腳本,如圖 10.2 的總結。

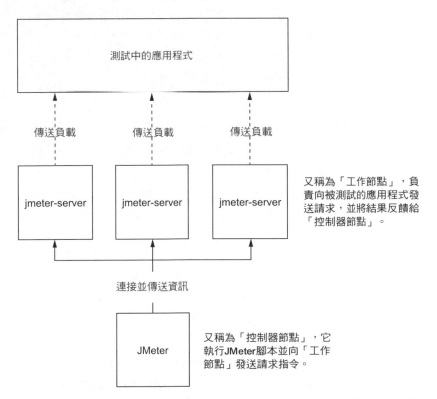

圖 10.2　顯示 JMeter 的分散式設置如何運作,以及工作節點和控制器節點之間關係的模型

分散式模型允許我們連接多個 jmeter-server，這些 jmeter-server 會連接到一個 JMeter 的實例。正常情況下，每個 jmeter-server 部署在各自的伺服器上，並與其他伺服器分開，然後透過網路連接到主要的 JMeter 應用程式。這可以讓我們從 JMeter 實例執行效能測試腳本，然後向每個 jmeter-server 實例發送指令，以產生負載並向被測系統發送請求。一旦每個 jmeter-server 收到回應，將會把資訊送回 JMeter 實例並儲存結果。這意味著我們可以控制測試，防止在產生負載時資源過載，並進一步確保我們結果的準確性。

與分散式設置一起工作

使用 jmeter-server 時，我們必須注意一些事情。分散式設置的原理是讓我們的 JMeter 實例向連接的每個 jmeter-server 發送一份效能測試腳本的副本。這代表當我們在效能測試腳本中設置特定流量的虛擬使用者數量時，必須除以 jmeter-server 的數量。我們還需要確保任何支持性的資料檔（例如 CSV 檔）有被複製並傳遞，因為 jmeter-server 會各自在本地端尋找它們，而不是透過網路連接到 JMeter 應用程式來使用。

你可以從 Apache JMeter 文件（http://mng.bz/BZ5v）中更了解分散式設置的工作原理以及如何建立一個分散式設置。但現在，讓我們來安裝和執行 JMeter。

安裝

如前所述，JMeter 是一個開源的應用程式，可以在 http://jmeter.apache.org/download_jmeter.cgi 免費下載。我們需要的是二進位的版本，所以請下載應用程式的 .zip 或 .tgz 版本，並在下載後將內容解壓縮到一個資料夾。接著把這個資料夾移到你偏好的地方來保存。

解壓縮之後，我們只需要打開 JMeter 資料夾，進入 bin 資料夾，就可以執行該應用程式了（你可以在命令提示字元／終端機或 Exploer/Finder 來操作）。根據你的作業系統，啟動 JMeter 的方式也不同。對於 Windows 系統，我們可以執行 jmeter.bat，而對於 Mac 或 Linux 系統，則可以執行 jmeter.

sh。一旦 jmeter 腳本執行，我們就會看到一個空白的 JMeter 測試計畫（Test
Plan），可以用來建立效能測試腳本。

10.2.2　建立效能測試腳本

我們現在準備建立效能測試腳本，從設定測試計畫與執行緒群組（Thread
Group）開始。

測試計畫與執行緒群組

JMeter 的根目錄是一個測試計畫，腳本會在這個計畫中被執行。第一步是點
擊左側面板中的測試計畫（Test Plan），以在更大的視窗中開啟並顯示細節。
在這裡，我們將測試計畫的名稱更新為 Example performance test script（效能
測試腳本），並新增以下兩個使用者定義的變數，如圖 10.3 所示。

- Name：server, Value：localhost

- Name：port, Value：80

Test Plan		
Name:	Test Plan	
Comments:		
	User Defined Variables	
	Name:	Value
server	localhost	
port	80	

圖 10.3　JMeter 測試計畫的截圖

我們待會再來解釋變數。這些資訊提供了我們新增執行緒群組到測試計畫所
需的一切。

執行緒群組位於測試計畫之下，負責組織使用者流程、設置使用者流程會有
的負載量。如同我們前面提過的，一個效能測試腳本將有多個使用者流程被
同時執行，以模擬使用者與應用程式的各種互動。因此，JMeter 測試計畫中
通常會有許多執行緒群組，每個執行緒群組都包含一個特定的使用者流程。

我們將在之後準備效能測試執行時，進一步探討如何設置執行緒群組。現在需要做的是建立一個執行緒群組，右鍵單擊左側面板中的測試計畫，然後選擇「Add」>「Thread」>「Thread Group」。然後雙擊執行緒群組將名稱更新為 Admin makes a booking，如圖 10.4 所示。

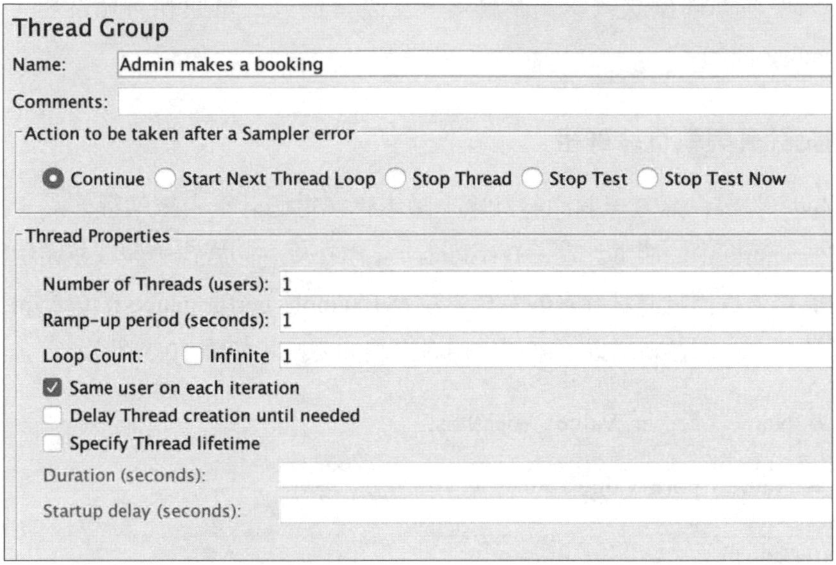

Thread Group

Name:　　　Admin makes a booking

Comments:

Action to be taken after a Sampler error

◉ Continue　◯ Start Next Thread Loop　◯ Stop Thread　◯ Stop Test　◯ Stop Test Now

Thread Properties

Number of Threads (users): 1

Ramp-up period (seconds): 1

Loop Count:　☐ Infinite　1

☑ Same user on each iteration

☐ Delay Thread creation until needed

☐ Specify Thread lifetime

Duration (seconds):

Startup delay (seconds):

圖 10.4　JMeter 執行緒群組的截圖

在 JMeter 中新增元素

在這個例子中，我們將為測試計畫新增許多元素。明確地説，我們可以將 HTTP、邏輯控制器和 Config 等元素新增到 JMeter 測試計畫中，只要在左側面板中選擇一個元素，在選單中選擇編輯「Edit」>「Add」，或者在左側面板中右擊一個元素，點擊 Add，任何一種方法都能把你的元素作為一個子元素加入。

接下來要新增請求，模擬管理員登入到應用程式，然後進行預訂。為了模擬這兩個動作，我們將建立兩個簡單的邏輯控制器來儲存 HTTP 請求。簡單邏輯控制器可以在「Add」>「Logic Controller」>「Simple Controller」中找到。建立了控制器後，把它們重命名為以下內容，如圖 10.5 所示。

- Log into admin

- Admin makes a booking

圖 10.5 JMeter 測試計畫的截圖，這裡示範了如何將簡單控制器新增到名為「Admin makes a booking」的執行緒群組底下

這給了我們新增 HTTP 請求所需的結構。

HTTP 標頭管理器

在新增 HTTP 請求之前，我們會先來簡化我們的計畫，在面板中前往「Add」>「Config Element」>「HTTP Header Manager」，在執行緒群組底下直接建立一個 HTTP 標頭管理器（不是在控制器內建立）。HTTP 標頭管理器允許我們設置新增到執行緒群組的 HTTP 請求中要加入什麼標頭。我們將在 HTTP 標頭管理器中新增以下這些 HTTP 標頭，如圖 10.6 所示。

- Host：`${server}:${port}`

- Accept：`application/json`

- Accept-Language：`en-GB,en;q=0.5`

- Accept-Encoding：`gzip, deflate, br`

- Content-Type：`application/json`

HTTP Header Manager		
Name:	HTTP Header Manager	
Comments:		
Headers Stored in the Header Manager		
	Name:	Value
Host		${server}:${port}
Accept		application/json
Accept-Language		en-GB,en;q=0.5
Accept-Encoding		gzip, deflate, br
Content-Type		application/json

圖 10.6　JMeter HTTP 標頭管理器元素的截圖

接下來將發送的每個請求都會自動新增這些標頭資訊。這意味著我們不必在每個請求中手動新增 HTTP 標頭。

此外，注意我們新增的 Host 的值是 `${server}:${port}`。這些是 JMeter 的變數，它們跟我們在測試計畫中設置的伺服器和連接埠變數是匹配的。因為我們將伺服器變數設置為 localhost，連接埠設置為 80，所以當腳本執行時，`${server}:${port}` 將轉換為 localhost:80。這種使用變數的方式可以讓我們在不同環境中輕鬆地更新腳本。

以管理員登入

設置好 HTTP 標頭管理器，可以選擇「Add」>「sampler」>「HTTP Request」，將第一個 HTTP 請求新增到 `Login into admin` 簡單控制器中。在 HTTP request sampler 中，我們可以設置一個 HTTP 請求並設定細節，例如 HTTP 方法、URI、本體等等。

我們的第一個請求是模擬一個管理員試圖驗證他們是否有登入（當然還沒有），所以我們來新增以下細節：

- Name：`POST /auth/validate`

- Server name or IP：`${server}`

- Port number：`${port}`

- HTTP Request：`POST`

- Path：`/auth/validate`

我們還需要選擇 `Body Data`，並新增一個 `{}` 的空物件，因為目前沒有要發送給驗證的 token，如圖 10.7 所示。

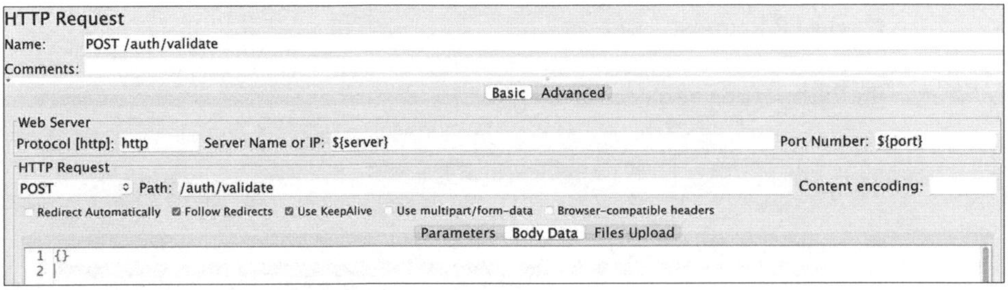

```
HTTP Request
Name:        POST /auth/validate
Comments:
                              Basic  Advanced
Web Server
Protocol [http]: http    Server Name or IP: ${server}              Port Number: ${port}
HTTP Request
POST        ◦ Path: /auth/validate                             Content encoding:
  Redirect Automatically  ☑ Follow Redirects  ☑ Use KeepAlive   Use multipart/form-data   Browser-compatible headers
                                 Parameters  Body Data  Files Upload
  1  {}
  2  |
```

圖 10.7　JMeter HTTP 請求的截圖

接下來，加入在登入過程中需要的其餘 HTTP 請求：

- Name：`POST /auth/login`

- Server name or IP：`${server}`

- Port number：`${port}`

- HTTP Request：`POST`

- Path：`/auth/login`

- Body Data：

  ```
  {
      "username":"admin",
      "password":"password"
  }
  ```

然後新增一個載入訊息數量的請求：

- **Name**：`GET /message/count`

- **Server name or IP**：`${server}`

- **Port number**：`${port}`

- **HTTP Request**：`GET`

- **Path**：`/message/count`

最後，我們新增一個取得房間資訊的請求：

- **Name**：`GET /room/`

- **Server name or IP**：`${server}`

- **Port number**：`${port}`

- **HTTP Request**：`GET`

- **Path**：`/room/`

GraphQL 進行 API 效能測試

由於 GraphQL 主要是透過 HTTP 來運作，我們可以使用 HTTP 樣本來送給 GraphQL 進行查詢，方法是更新本體資料以包含 GraphQL 查詢，而非直接涵蓋的 JSON 物件。

目前剖析回應時會有點困難，但幸運的是，JMeter 目前正在擴展其 GraphQL 功能。

這給了所有要以模擬管理員登入應用程式的請求。但還有最後一個元素要新增到 `POST /auth/validate` 和 `GET /room sampler` 中，那就是固定定時器（Constant Timer）。

從目錄依序點擊「Add」>「Timer」>「Constant Timer」來作為請求的子元素，我們要模擬我們在使用者流程中捕捉的使用者等待時間。例如，如果我們在 POST /auth/validate 中新增一個固定定時器，並在 Thread Delay 欄位中新增 ${__Random(2500,7500)}，就等於是加入了一個隨機時間的延遲，讓每個請求被執行之前，腳本將隨機等待 2.5 至 7.5 秒，如圖 10.8 所示。

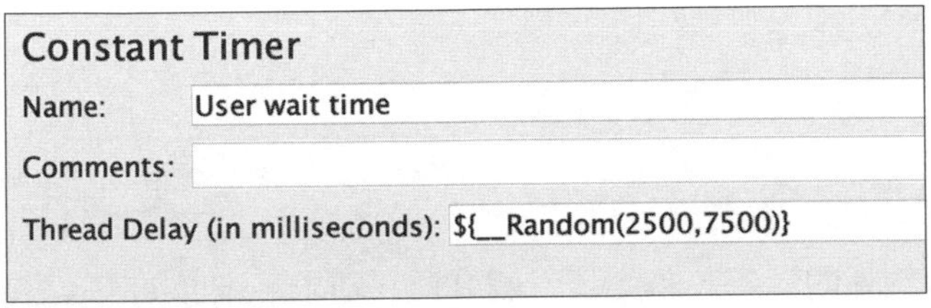

圖 10.8 JMeter 固定定時器的截圖

為了完成腳本的這一部分，我們為 GET /room/ 新增另一個固定定時器，其 Thread Delay 為 ${__Random(1000,3000)}，這樣就完成了第一個簡單控制器。

管理員進行預訂

接下來我們把注意力轉向「Admin makes a booking」控制器。為此，我們要模擬管理員會得到一個報告，可以查看目前可用的預訂以及房間的詳細資訊，接著進行預訂。我們首先新增以下兩個 GET 請求，第一個是 /report/：

- Name：GET /report/

- Server name or IP：${server}

- Port number：${port}

- HTTP Request：GET

- Path：/report/

第二個是 /room/：

- Name：GET /room/

- Server name or IP：${server}

- Port number：${port}

- HTTP Request：GET

- Path：/room/

最後一個請求是在系統中建立一個預訂。對於這個請求，我們需要在效能測試腳本中新增一些額外的元素，首先是一個 HTTP 請求，細節如下：

- Name：POST /booking/

- Server name or IP：${server}

- Port number：${port}

- HTTP Request：POST

- Path：/booking/

接下來選擇 Body Data，然後新增以下 JSON 物件：

```
{
    "depositpaid": ${depositpaid},
    "firstname": "${firstname}",
    "lastname": "${lastname}",
    "roomid": 2,
    "bookingdates": {
        "checkin": "${checkin}",
        "checkout": "${checkout}"
    }
}
```

注意這個物件中大部分的值都是 JMeter 變數而不是寫死的值 —— 例如 `${depositpaid}`。這是因為我們想模擬真實的使用者行為，真正的管理員或客人不會多次加入相同的預訂（另外，應用程式中存在不允許重複預訂的限制）。

因此，我們需要確保每次在執行緒中呼叫 `POST /booking` 請求時，都會發送新的預訂細節。我們可以用 CSV 文件來設定，設置其在每次執行時從 CSV 中挑選新的資料列。這意味著我們首先需要建立一個 CSV 檔，其資料看起來會像這個樣本資料：

```
Silvie,Alyonov,salyonov0@wikispaces.com,92511364701,false, 2020-01-
01,2020-01-02
Ambros,Eary,aeary1@ox.ac.uk,41789748281,true,2020-01-03,2020-01-04
```

每一列都包含一個隨機生成的名字、姓氏、電子郵件地址、電話號碼、是否已付押金、入住日和退房日期。一個正常的 CSV 會有數百或數千個資料列以供 JMeter 使用，通常是由一些工具來生成 —— 例如 Mockaroo 和 Excel 的組合。

一旦建立了 CSV 檔，並將其儲存在與 JMeter 相同的資料夾中，我們就可以透過選擇「Add」>「Config Element」>「CSV Data Set Config」，將 CSV 資料集設置（CSV Data Set Config）新增到「Admin makes booking」控制器中。這個設置元素允許我們匯入 CSV 檔並宣告使用的變數。在我們的 CSV 資料集設置元素中，我們將會設置以下細節，如圖 10.9 所示。

- Filename：`./bookings.csv (or whatever you've named your .csv file)`

- File encoding：`utf-8`

- Variable names：`firstname,lastname,email,phone,depositpaid,checkin,checkout`

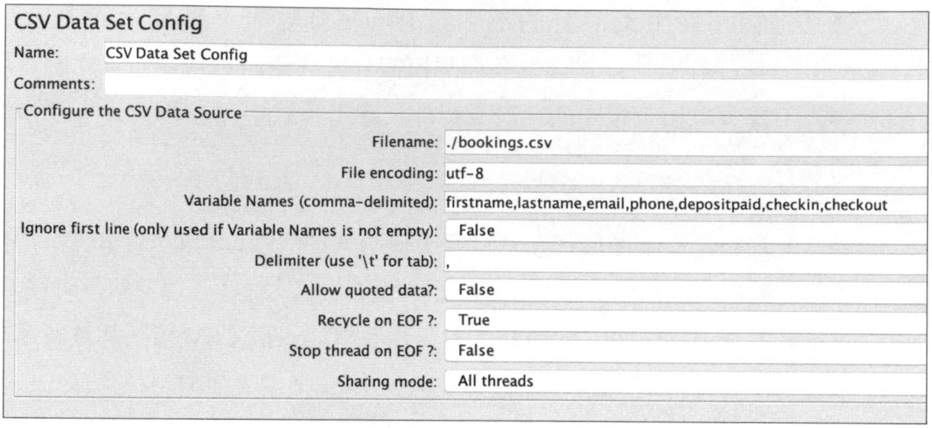

圖 10.9 JMeter CSV 資料集設置的截圖

請注意 Variable Names（變數名稱）中，這些「以逗號分隔的欄位」要能吻合 CSV 檔中的欄位，並且變數的名稱與 Body Data 物件中使用的變數也要相符。這意味著，在執行效能測試時，如果 CSV 檔的第一列的名字是 Silvie，那麼在這個執行緒群組中發送的第一個預訂將把 Silvie 新增到 POST / booking/ 的 Body Data 中，而當發送第二個預訂時，它將使用第二列，也就是 Ambros，這樣能確保發送的每個預訂都會不同。

最後，為了完成這個腳本，我們在以下請求中加入固定定時器以模擬等待時間：

- GET /room/: ${__Random(2500,7500)}

- POST /booking: ${__Random(5000,5000)}

這就完成了我們的效能測試腳本的使用者流程，但我們仍然需要設定 JMeter，使其輸出所需的指標。

Listener

目前的效能測試腳本擁有所有要生成 Web APIs 負載的所需細節。然而，目前它並沒有將這些結果儲存在任何地方。因此，我們需要在測試計畫中新增

listener。具體來說，就是要在測試計畫底下直接新增兩個 listener，以便從每個執行緒群組捕捉所有指標。我們想要的 listener 如下：

- **View Result Tree**—顯示每個發送的請求和回應詳細結果的 listener，對於除錯效能測試腳本的問題很有用。

- **Summary Report**—根據每個 HTTP Request Sampler 的名稱，依據回應時間、錯誤和吞吐量的資訊分組的 listener。例如，如果許多執行緒群組中都有名為 POST /booking 的請求，它們的指標會被儲存在一起。這對基於端點的分組和匯出回應時間非常有用，可以提供未來分析使用。

每個 listener 都可以從「Add」>「listener」找到，並且它有一系列可以使用的監聽器。然而，由於我們的目標是測量狀態碼，使用 summary report 就足夠了。最後要設置的是 summary report 中的檔名：我們需要新增一個檔名，例如 jmeter-results.csv。這可以確保當效能測試腳本執行時，結果有被保存下來。

關掉 View Result Tree

View Result Tree 是一個用來除錯效能測試腳本問題的優秀工具。它可以為每個請求提供許多細節，並將這些成功／不成功的請求都進行視覺化。然而，正因為如此，View Result Tree 是一個資源密集型元素，JMeter 也建議在執行效能測試時關閉它。我們只需要右鍵單擊它並選擇 Toggle，這將會停用 listener，並在左側面板中以灰字淡化顯示。

小練習

效能測試腳本包含多個使用者流程。到目前為止，我們已經新增了一個管理員進行預訂的流程，但還有更多的流程可以新增到腳本中來執行。在這個小練習中，請使用你在本章前一個活動中建立的使用者流程，在你的 JMeter 測試計畫中新增一個新的執行緒群組，並建立必要的元素來覆蓋使用者流程。你可以回顧前面的範例流程或在 Chapter 10 的資源資料夾（http://mng.bz/WM1x）中找到 JMeter 腳本。

彩排

由於我們的腳本是用來複製複雜的使用者行為，所以可以理解它們本身也會變得複雜。因此，在正式執行效能測試之前，進行一次彩排是比較明智的。彩排通常包括執行一個效能測試腳本，將所有必要的資料載入腳本和系統，但每個執行緒群組只有一個虛擬使用者。在少量的負載下執行，我們可以排除任何關於執行緒群組之間相互干擾的問題，或是設置中的錯誤。例如，當執行資源資料夾中測試腳本的彩排時，出現了一系列的 400 錯誤。結果發現，一個執行緒群組正在刪除另一個執行緒群組試圖發送預訂的房間。

為了避免因腳本錯誤而導致效能測試腳本失敗，可以考慮在每次對效能測試腳本進行大量修改時都進行一次彩排。

10.3 執行和測量效能測試

現在有了效能測試腳本，我們就要先來解決一些額外的因素。我們需要在執行效能測試和分析結果之前解決這些問題。

10.3.1 準備和執行效能測試

在我們要執行的每個效能測試之前，需要採取一些步驟來確保結果是準確的。讓我們來看看這些步驟是什麼，以及它們為什麼很重要。

準備測試環境

如同效能測試腳本的目標是盡可能地模擬使用者行為一樣，應用程式的部署方式也要盡可能地複製實際環境。這是為了確保結果盡可能準確。例如，如果應用程式是使用 Kubernetes、Docker、Ansible 或 Puppet 等工具部署，這些工具採用了具有可擴展容器、負載平衡器和資料庫同步等功能的複雜基礎設施，那麼對架設在獨立伺服器上的應用程式進行效能測試就不會非常準確。我們需要確保效能測試的環境在專案時間和預算等限制條件下，盡可能地與正式環境匹配。

除了確保基礎設施的一致，還需要注意其他項目，使應用程式盡可能地接近實際情況，比如以下幾點：

- **資料庫的載入**—當使用者使用我們的系統時，資料庫通常不會是空的。因此，在資料庫中加入預期的平均資料量可以幫助提高準確性。

- **準備快取**—這個規則也適用於快取。使用者不會一直造訪一個沒有快取的系統，所以用工具對系統進行初始執行，或是手動更新快取也有助於提高準確性。

- **循環 / 載入佇列**（queue）—如果系統中有定期事件要發生，讓它們以合理的方式啟動和執行會有幫助，例如，不在同一時間打開所有佇列進行處理。

這是幾個我們必須為效能測試準備應用程式的例子。與團隊討論效能測試需求可以了解到更多例子，而這也使我們進入下一個重要步驟。

通知利害關係人

想像一下，我們正處於執行效能測試的階段。環境基礎設施已就緒，應用程式已部署並配置好。開始執行效能測試時，卻發現有人對環境進行了更新，或者正在執行他們的測試，並改變了我們所依賴的資料。這樣無疑是令人沮喪而且又浪費時間。這就是為什麼在執行效能測試之前，要花點時間通知每一個有權限或表示要進行效能測試的人。清楚地向每個人說明我們打算什麼時候進行效能測試，需要多久時間，以及測試完成後會通知他們，這樣可以避免測試執行失敗，導致重複測試，或者更糟糕的是得到不精準的資料。

最後設置與執行

一旦效能測試的環境都設置完畢，並且通知了每個利害關係人，我們就可以開始了。剩下要做的就是設置效能測試並開始執行。這可能包括以下項目：

- **設置分散式框架**—前面有提過，JMeter 可以在分散式設置中執行，允許建立多個 jmeter-server 來從 JMeter 實例產生負載。因此，如果想使用這種設置，我們需要建立每個 jmeter-server 的實例，並設置 JMeter 來連接它們。

- **查看測試資料檔案**—我們需要確保所有必要的 CSV 檔都在 JMeter 腳本中可以找到的位置。這可能代表需要將必要的檔案複製到分散式的 jmeter-server，或者確保建立的資料已經是最新的。

- **打開監測工具**—雖然效能測試工具會根據發送的每個請求捕捉細節，但我們可能還需要收集其他指標。這意味著要設置監測 KPI 的工具，例如系統、伺服器或資料庫指標，並確保它們能順利收集資訊以提供未來分析使用。

- **設置執行緒群組**—我們的執行緒群組需要進行設置來產生所需的負載。例如，對於「Admin creates a booking」執行緒群組，我們需要根據使用者流程中捕捉的細節來更新以下欄位：

  - 執行緒數量（Thread）：2

  - 漸進時間（Ramp-up period）：120 秒

  - 迴圈次數（Loop Count）： 無限（這樣就可以在設定的時間後，手動退出效能測試腳本）

- **更新環境**—為 JMeter 腳本設置伺服器和連接埠選項的參數，這樣就可以在測試計畫中快速更新它們以指向特定的環境。我們應該進行檢查以確保它們指向正確的環境，如果還沒有，請更新它們。

一旦我們確定一切設置完成，就可以開始執行測試。使用 JMeter 時需要注意的最後一點，就是確保它在 Headless 模式下執行，而不是透過它的 UI 來執行。這是 JMeter 團隊建議的方式，因為在 UI 下執行需要耗費大量資源，而且可能會影響結果的準確性。因此，可以從命令提示字元執行它，像這樣：

```
jmeter -n -t ./example-performance-test.jmx -l ./perfstats.csv
```

這將在 CLI 中執行效能測試腳本，並將指標輸出到一個名為 perfstats.csv 的檔案。一旦完成測試，我們手動退出效能測試，關閉監控工具，並收集指標以便進一步分析。

小練習

用效能測試腳本對一個完全部署的 restful-booker-platform 進行效能測試，並採用分散式 JMeter 設置，剛開始會比較吃力一點。對於初次進行效能測試，為了幫助你了解這些如何執行並且取得樣本指標，請在本地端執行沙盒 API，並嘗試在 CLI 模式下執行 JMeter 5 分鐘，同時使用工具來測量你的系統 CPU。

10.3.2　分析結果

現在效能測試已經完成，接下來可以說是效能測試中最難的部分：分析測試結果以確定是否有需要診斷的問題。這是一個困難的任務，因為通常我們測量的指標顯示的是「問題的症狀」而不是問題本身。再加上影響應用程式效能的原因百百種，要找到正確的問題可能很困難。然而，這裡有幾種方法，可以將效能測試腳本的資料與 KPI 進行比較，以凸顯需要進一步調查的領域。

回應時間

回應時間可以依據效能測試中特定時間點的使用者連接數量來衡量。如果應用程式顯示較高的回應時間，我們可能需要檢查伺服器和網路的 KPI，以幫助我們確定應用程式的某個區域是否在該時間點使用了太多的資源。

吞吐量和容量

有關處理了多少資料或交易的報告，是根據整個測試過程中連接的使用者數量來衡量的。這可以顯示一個應用程式在給定時間內可以處理多少資料。即一個應用程式在給定時間內處理一定的資料量的速度，如果突然顯示吞吐量的減少，這可能表明使用者正在等待連接，但是他無法連接。

監測 KPI：網路

網路 KPI 可以用進入和離開一個應用程式的流量來衡量。如果看到從應用程式出來的流量比進入的流量多，可能代表這個問題和快取有關，或者發送的檔案大小超過預期。

監測 KPI：伺服器

我們在需求中設置的 KPI 也可以用來診斷問題或衡量應用程式是否具有效能問題。舉例來說，伺服器的 KPI，例如 CPU 和記憶體的使用，可能會顯示逐漸增加或突然驟降的效能損失，這可能是由於不同的問題所導致。

錯誤報告

測量像是 404、503 和 500 狀態碼，可以幫助顯示伺服器何時可能變得沒有反應。我們可以將這個資訊與其他 KPI 結合起來，了解錯誤碼開始出現時的系統狀態。

讓我們來看看我執行過的一個效能測試。首先，我們回想一下前面設定的效能需求：

> 當 40 個虛擬使用者連接到該應用程式時，可用性應該在 95% 以上。

為了幫助我們確定應用程式是否符合這個期望，我們可以用錯誤碼的百分比圖表來顯示。圖 10.10 展示了我們利用效能測試的結果來表示整個測試過程中最後 30 個請求中發現錯誤碼的百分比。

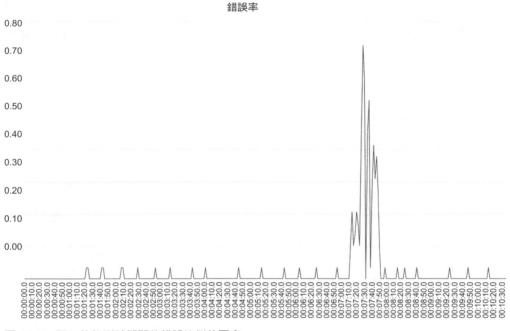

圖 10.10　顯示效能測試期間的錯誤比例的圖表

我們還可以繪製 Web API 隨時間變化的 CPU 使用率，如圖 10.11 所示。

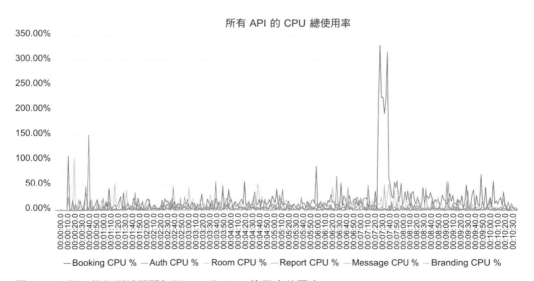

圖 10.11　顯示效能測試期間每個 API 的 CPU 使用率的圖表

我們可以看到，在 7.5 分鐘左右有一個相當高的峰值。似乎這個峰值同時出現在回應時間和 booking API 的 CPU 使用率中（CPU 使用率是兩個峰值中比較高的），這在圖 10.12 中顯示得更清楚。

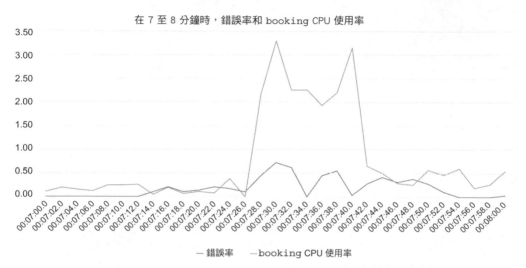

圖 10.12　顯示回應時間和 CPU 使用細節的圖表

這給了我們一個指示，當 booking API 在負載下的 CPU 使用率激增時，API 就會開始出錯，意味著我們沒有達到預期的效能需求。團隊需要更詳細地查看 booking API，以確定是什麼導致了 CPU 的大量使用，並且解決這個問題。

重頭來過

在本章中，我們已經探討了效能測試需要規劃的許多面向。儘管最初的設置需要投入相當的投資，但透過對於使用者流程和效能測試腳本進行迭代，我們有能力慢慢讓效能測試與應用程式一起成長，這也意味著效能測試的反饋會更快。

10.4　設定效能測試的期望

效能測試作為一個概念，強調了我們能如何從不同的角度看待產品。不管測試是為了了解產品的效能，還是產品有明確的需求，我們都是在為同一個產品工作。改變的只是心態和希望學習的東西的動機。這就是為什麼如果我們能將效能測試應用於測試策略模型（如圖 10.13 所示），它所涵蓋模型的區域，就會跟探索性測試或自動化等活動所涵蓋的領域相似。

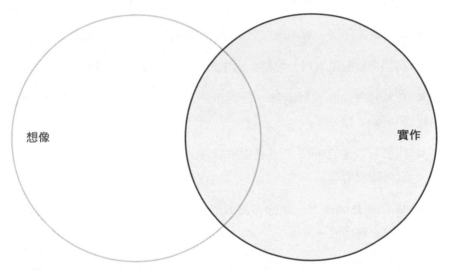

圖 10.13　測試策略模型的一個例子，它展示了效能測試是如何關注實作區域

然而，從不同的角度看應用程式，我們認為需要減輕的風險就會發生變化，這些視角可能是因為使用者對品質的看法所驅動的。一個產品如果正常運作、提供正確的功能，但是效能卻很差，這對一些人來說就是阻礙產品成功的關鍵。這就是為什麼，如果像這樣的品質特性對使用者很重要，我們就必須及早且積極了解產品的效能。

總結

- 效能測試提供了一種與其他測試活動不同的產品資訊發掘方式。

- 效能測試的常見類型包括基準、負載、壓力和浸泡測試。

- 我們可以測量統計資料以確定應用程式的可用性、回應時間、吞吐量和使用率。

- 在分析效能測試結果時，需要一個明確的效能測試目標來確定是否成功。

- KPI 幫助我們了解系統在效能測試中的表現，並且除錯相關問題。

- 我們可以追蹤 KPI，包括低層 KPI、伺服器 KPI 和資料庫 KPI。

- 在概述效能測試腳本時，我們希望它能在合理的範圍內盡可能地重現使用者的步驟。

- 我們可以建立捕捉使用者和系統行為的使用者流程文件，來規劃出如何重現使用者行為。

- Apache JMeter 是一個開源的效能測試工具，它包含建立效能測試腳本的所有必備功能。

- 我們透過新增執行緒群組、HTTP Request sampler、邏輯控制器、固定定時器和 Config Element 來建立一個 JMeter 效能測試腳本。

- 在進行效能測試時，應用程式應該盡可能地接近實際的狀態。

- 分析結果時，我們必須將效能測試的結果與 KPI 互相比較，以揭示需要解決的問題。

11

安全測試

本章涵蓋

■ 測試與資安領域工作者在技能組合上的類似之處

■ 建構模型以檢測資安威脅

■ 如何在一系列的測試活動中應用資安思維

對一些人來說，安全測試可能會讓人聯想到一群人在進行高度技術性又複雜的攻擊來發現系統中異想不到的漏洞。儘管這些人了解系統的運作方式，但是如何利用漏洞以及如何使用工具發現威脅等知識才是成功的安全測試的關鍵因素，對安全測試的不正確推斷，會使人們認為這是一個只對技術過人者開放的私人俱樂部。然而，安全測試不僅僅是「駭入系統」，它需要有意識地規劃和分析來檢測威脅並安排優先順序。所有這些都包含廣泛的活動、技能和技術，其中一些我們已經在前面的章節學過了。

如果我們花時間去研究資安領域工作者的動機與活動，就會發現這跟我們目前學到的東西有很大的重疊。那些參與安全測試者的工作就是試圖發現並減輕可能影響產品品質的風險。核心的區別在於，安全測試關注的是與資安與隱私相關的品質特性。了解其中的相似性，就可以將資安的思維應用到測試中。我們將會發現，我們可以重複使用前幾章學到的計劃、方法和模型技術來幫助我們進行以資安為重點的測試活動。

> **在開始之前**
>
> 在本章中，我們將會探討如何將資安議題融入到其他測試活動中。因此，這裡會預設讀者已經閱讀了第二、四、五章，或至少熟悉這些章節提到的概念。另外還要記得，這並不是要詳細介紹我們可以在安全測試領域中做什麼。這是一個機會，讓我們熟悉安全測試中的常用技術，以開始我們的安全測試之旅。

11.1 使用威脅模型

沒有比威脅模型更適合用於說明安全測試和我們已經學過的測試活動之間共通性的例子了。在第二章中我們了解到，可以使用模型來更好地理解系統的運作原理，並辨識可能影響系統的風險，而威脅模型也是如此。威脅模型是用來了解系統運作原理，辨識出我們要保護的關鍵領域，利用這些知識來判斷哪些潛在的威脅需要減輕。跟我們在前幾章學到的模型建立與風險分析一樣，威脅模型的價值在於它可以幫助辨認需要解決的威脅並對其進行排序。建立一個威脅模型包括以下步驟：

1. 建立一個可以用來分析的系統模型。

2. 分析該模型潛在的高層次威脅。

3. 使用做威脅樹深入研究每個威脅。

與第二章學習的系統模型類似，我們不一定要一次對整個系統進行建模。將其切分成較小的系統進行迭代，可以讓我們更容易消化，並且有可能發現綜觀整個系統時漏掉的問題。為了展示這種方法的運作原理，讓我們看看我們可以如何對 booking API 執行這些步驟。嚴格來說，GET /booking/ 端點必須只有管理員可以使用。

11.1.1 建立一個模型

建立威脅模型的第一步是要了解到底什麼是威脅。當我們考慮要保護什麼時，通常會關注敏感資料或與相關流程。因此，與前幾章建立的模型不同之處在於，我們希望建立一個說明理想情況下資料會如何流動和儲存的模型。這也是為什麼許多威脅模型會以資料流程圖（DFD，data flow diagram）的形式呈現來幫助說明資訊的流動、哪些流程使用了該資料，以及該資料的儲存位置。我們來查看為 GET /booking 端點建立的 DFD，以進一步瞭解 DFD 的使用，如圖 11.1 所示。

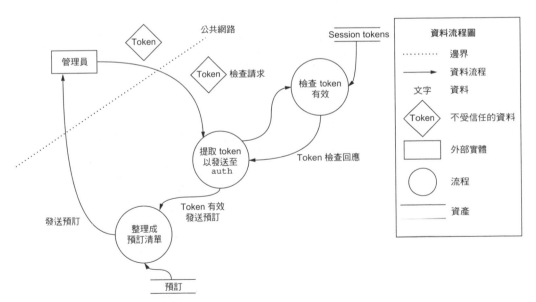

圖 11.1　顯示如何處理資料以獲得所有預訂的資料流程圖

DFD 模型總結了一個管理員請求預訂清單的過程，具體顯示如下：

1. 管理員發送預訂請求，提供一個有效的登入 token 作為請求的一部分。

2. 從 booking API 的請求中提取 token，並發送至 auth API 進行驗證。

3. 如果 token 確認管理員擁有權限，則發送預訂細節。（如果沒有，則回傳被禁止的狀態碼）。

該模型還強調了在分析系統的潛在威脅時可以考慮的不同因素。使用標準的 DFD 符號，我們可以看到以下內容：

■ 與這個過程互動的外部實體是一個管理員，在模型中用方塊顯示。

■ 有多個資產、session token 和我們想要保護的預訂，在模型中用有上下底線的文字顯示。

■ 有多個處理傳入資料與資產的流程，在模型中用圓圈顯示。

■ 有不受信任的資料以「token」的形式進入系統，在模型中用菱形顯示。

有了這些細節，我們就可以開始了解在給定情況下希望資料如何被處理，以及誰或什麼在與之互動。這提供了我們開始分析模型來發現潛在威脅所需的基礎。

綜合不同的模型

儘管 DFD 在威脅模型中很常見，但不要害怕嘗試不同模型來捕捉可能很重要的資訊。DFD 允許我們專注於資料，但它不能捕捉所有細節，例如系統是使用什麼框架，或者系統使用的基礎設施。我們的目標是建立一個模型，用來刺激我們發想什麼威脅可能會發生。花點時間進行試驗，了解在模型新增其他元素能如何幫助你的分析。

小練習

從應用程式中挑選一小部分，嘗試以 DFD 畫出它的運作方式。模型可以透過團隊協作來建立，所以要花一點時間與其他人交談，以填補你模型中的空白或釐清你的推斷。另外，不要害怕新增任何你認為可能很重要的資訊。

11.1.2　用 STRIDE 發現威脅

也許安全測試被認為入門門檻比較高的原因之一，是因為我們工作的安全有可能會遭遇四面八方的威脅。威脅來自於各式各樣的威脅者（actor），有竊取資料來販賣的組織犯罪分子，也有出於政治動機而想要將網站進行置換或關掉的倡議者（這可能不會發生在小型的民宿網站）。不同的威脅者會使用不同的攻擊向量（attack vector），在分析系統的威脅時必須考慮到這些攻擊向量，這也是為什麼會出現像 STRIDE 等工具，它可以讓威脅分析變得更容易。

和我們在第五章學到的啟發法一樣，STRIDE 是一個口訣，幫助我們辨認可能會遇到的不同類型的威脅。藉由迭代 STRIDE 的每個字母，我們可以查看 DFD 模型並確定它們的適用範圍。例如，STRIDE 中的 D 代表阻斷服務（DoS），這有助於我們思考有哪些弱點可能會讓我們遭受攻擊、破壞服務。

為了在模型中使用 STRIDE，首先要了解口訣中的每個字母代表什麼，以及它們意味著什麼，如下所述：

- **釣魚**（Spoofing）—釣魚是指使用假資訊冒充他人。例如，攻擊者可能會試圖獲得受害者的登入資料以便存取系統。或者有可能是用詐騙電話來假裝是來自一個受信任的組織的人（例如銀行）以取得受害者的帳戶資訊。釣魚能以多種形式發生，所以要確保有正確驗證使用者的能力，以確認他們是擁有存取資訊特權的正確人選。

- **篡改**（Tampering）─篡改指的是攻擊者修改存在於系統中或傳輸途中的程式碼或資料。一個常見的例子是「中間人攻擊」，即在網路上發送的 HTTP 請求在到達預期目的地之前被攻擊者攔截和修改。另一個例子是攻擊者向網路或個人電腦注入像是病毒等的惡意程式來干擾系統。為了保護自己免於這類型的攻擊，我們需要考慮如何確保系統之間的通訊安全，並驗證到達或正在發送的資料的合法性。

- **否認**（Repudiation）─如果說釣魚與篡改是攻擊者利用系統漏洞的方式，那否認指的是攻擊者是否可以聲稱他們沒有進行攻擊。例如，如果我們缺乏記錄實體與我們系統互動的細節的能力，就無法檢測到誰有或沒有攻擊我們的系統。這種資訊的缺乏可以被攻擊者用來隱密行動而不被發現，或者在之後被指控有惡意行為時聲稱自己是無辜的。我們要確保自身不僅有能力監控可疑的行為，而且要確保被攻擊時監控不會被繞過或被偽造。

- **資訊洩漏**（Information disclosure）─資訊洩漏是指將資訊洩漏給無授權的人查看。有許多不同類型的特權或機密資訊洩漏的案例，但資訊如何洩漏則少有討論。這可能是由於薄弱的授權控制、設置錯誤的存取控制，或者在不同類型的攻擊（例如釣魚或篡改）中沒有保護好敏感資訊。

- **阻斷服務攻擊**（Denial of service，簡稱 DoS）─DoS 和 STRIDE 中的其他項目不一樣，它指的是攻擊者試圖阻止受害者存取自己的特定資訊或服務。DoS 攻擊不一定是試圖滲透資安領域，而是試圖使系統癱瘓或無法存取，以擾亂組織或獲得贖金。例如，攻擊者可能會進行 DDoS，利用大量的請求壓垮服務，或者勒索軟體可能會封鎖個人或組織的服務，直到受害者支付贖金。

- **特權提升**（Elevation of privilege）─最後，特權提升指的是攻擊者提高他們自身的存取權限。特權提升攻擊涉及攻擊者利用漏洞獲得存取權限，而不是偽裝成他人（例如釣魚）。例子包括攻擊者找到存取其他使

用者帳號的方法（稱為水平特權提升）或繞過存取控制，將自己提升到
管理員權限（稱為垂直特權提升）。

逐一認識 STRIDE 的每個項目之後，我們不僅開始了解可能容易遭受的攻擊
類型，而且還了解它們如何相互結合。例如，釣魚可能會被用來授予攻擊者
存取權限，以便他們可以進行資訊洩漏攻擊。這就是安全測試具有挑戰性的
原因。系統中一部分的漏洞可能會對另一部分產生巨大影響。這也是為什麼
我們應該將 STRIDE 和 DFD 模型結合使用，以確定系統中的不同部分會如何
受到不同類型的攻擊。例如，可以從釣魚開始來看我們的 DFD，可能會發現
與系統互動的管理實體可能被偽裝。意思是，收到的 token 有可能不是來自合
法的使用者，而是來自攻擊者。因此，我們可以將 DFD 中的這一部分標記為
可能會受到釣魚攻擊，如圖 11.2 所示。

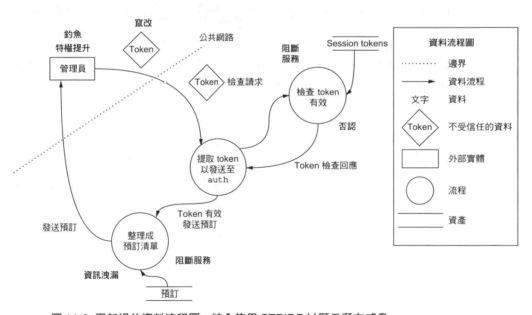

圖 11.2　更新過的資料流程圖，結合使用 STRIDE 以顯示潛在威脅

在這張圖中，我們利用了對系統的了解和對 STRIDE 的理解，來確定每一種
類型的攻擊在系統中可能發生的位置。我們已經討論了釣魚如何取代合法的
管理員，但我們也可以看到有趣的威脅，比如下面：

- 我們的 `auth` API 和 `booking` API 可能會受到 DoS 攻擊。`auth` 部分尤其
  重要，因為如果它癱瘓了，系統有很大一部分就會變得無法存取。

- 如果攻擊者試圖篡改或偽造 token，由於 `auth` API 中缺乏日誌記錄與監
  控，攻擊可能會被否認。

- 預訂清單可能會成為資訊洩漏的目標。預訂沒有進行加密，這代表如果
  資料被盜竊或洩漏，將很容易被剖析。

這個活動的關鍵在於，儘管我們可能不知道攻擊的具體細節，也不知道它是
如何發生的，但我們已經開始關注可能存在的漏洞類型。這給了我們一個機
會，開始考慮想要關注的東西——例如，我們可能更關心 DoS 攻擊而不是資
訊洩漏。但是 STRIDE 的元素的涵蓋範圍相當廣泛，如果我們想優先考慮具
體威脅，我們需要進一步分解 STRIDE 元素，此時可以使用「威脅樹」。

小練習

嘗試將 STRIDE 應用在你建立的 DFD 模型。在模型的每個區域都標上它可能會受
到的攻擊類型。討論你目前減輕這些攻擊的方法，或者，討論未來如何減輕這些
攻擊。

11.1.3 建立威脅樹（threat trees）

威脅樹或攻擊樹可以讓我們將 STRIDE 中辨識出的威脅分解為更具體的攻
擊。以釣魚威脅為例，我們可以開始分解攻擊者偽造管理員身份的許多不同
方式。我們可以從高層次的釣魚攻擊開始，再把它們分解成更具體的攻擊，
如圖 11.3 所示。

可以看到，威脅樹分成不同的層次，從抽象的想法分解到更具體的攻擊類型。建立這樣的樹狀結構，我們有能力進行更廣泛的探索——例如，列出潛在的高層次釣魚攻擊，例如猜測攻擊（guessing）、憑證竊取（credential stealing）或社交工程（social engineering）。或者我們可以選擇一個主題來深入研究，開始辨識出可能會受到的確切攻擊手法；例如，access token 可能會因為我們自身的錯誤或我們依賴的第三方工具而洩漏。

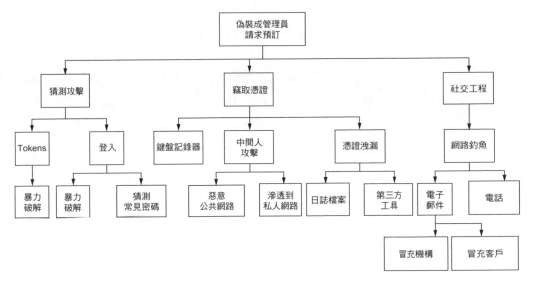

圖 11.3　威脅樹分解了可能針對應用程式執行的不同釣魚攻擊

威脅樹提供的另一個價值，就是我們可以捕捉到威脅的多樣性。圖 11.4 中的另一個關注 DoS 的威脅樹便展示了這一點。

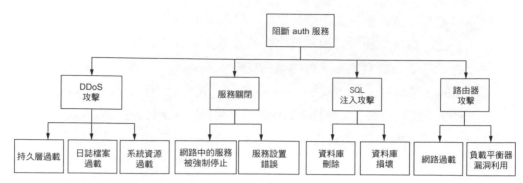

圖 11.4　威脅樹分解了可能針對應用程式執行的不同 DoS 攻擊

當我們在這棵威脅樹上，開始探索系統可能受到的 DoS 攻擊時，可以看到各式各樣可能被漏洞利用的攻擊。這棵樹捕捉了更多有名的攻擊類型，例如 DDoS，即服務受到來自不同位址的請求攻擊。也展示了 DoS 攻擊是如何利用我們未正確設置的服務。這可能包括意外將可以關閉服務的功能公開使用（API 沙盒使用的 API 框架 Spring-boot-actuator 就有這個功能）。

值得一提的是，這些威脅樹不能視為我們可能遇到攻擊的完整清單。我們如何建立一個威脅樹，取決於我們最感興趣的部分、我們對系統的理解以及我們對威脅類型的認識。在建立威脅樹時，應該要依照以下步驟：

- 與團隊協作來建立威脅樹。不同的觀點和經驗，讓我們討論可能會遇到什麼漏洞時能提供許多不同的想法。

- 研究其他人在過去是如何遇到攻擊，或者資安研究人員在特定主題或攻擊上所分享的資源。

- 調查我們正在使用的工具和技術中的已知漏洞，並思考這些漏洞會如何在攻擊中被利用。

威脅樹允許我們盡情發揮想像力。我們能新增到威脅樹中的內容越多，就越有可能發現和減輕威脅。花一點時間思考越多的潛在攻擊，可以讓接下來的排序與減輕威脅步驟更有效率。

小練習

從你的模型中挑選一個 STRIDE 元素並嘗試建立一個威脅樹，以捕捉你的系統可能被攻擊的不同方式。花一點時間研究攻擊可能發生的不同方式，並將它們新增到你的威脅樹中。

11.1.4 減輕威脅

最終，在安全測試的背景下討論威脅時，我們只會處理一種特定類型的風險。因此，一旦完成模型，並且發現了一系列的威脅 / 資安風險後，下一步就是優先排序我們覺得比較重要的風險，以便可以開始減輕這些威脅。為了做到這一點，我們可以重複使用在第三章學到的方法，考慮每個威脅的可能性和嚴重性來辨別風險的優先順序，並使用這些資訊來決定要先關注哪些風險。如果一個資安風險有很高的可能性，並且會對系統和商業價值造成很嚴重的損害，那麼我們應該優先緩解該風險。

另外，OWASP（開放網路應用程式安全專案；https:// owasp.org）提供了大量有關安全測試的資料，它提倡一種名為 DREAD 的優先順序評估技術。DREAD 由微軟建立（微軟還建立了威脅模型思考與相關的工具集，你可以在 http://mng.bz/ deND 找到），DREAD 分別代表：

- **損害**（Damage）——一個攻擊對我們與使用者會有多大的損害。

- **可重現性**（Reproducibility）——攻擊者能重現一個威脅的難易程度。

- **可利用性**（Exploitability）——利用一個威脅的難易程度。

- **受影響使用者**（Affected users）——有多少使用者會受到影響。

- **可發現性**（Discoverability）——攻擊者發現這個威脅的難易程度。

有別於使用可能性和嚴重性這種傳統的方法來安排優先順序，DREAD 的方法是針對每個項目給予 1~10 分來確定優先順序，這使我們可以評估地更仔細。

例如，假設我們擔心攻擊者可能使用 SQL 注入，利用資料庫中的一些 SQL 來揭示特權資訊，允許攻擊者利用特權資訊來關閉應用程式，然後觸發阻斷服務。我們可以對其應用 DREAD 來建立分數：

- 損害：7 分—我們想隱藏的敏感資料可能被洩漏。

- 可重現性：8 分——一旦被識別，攻擊就會很容易被重複。

- 可利用性：3 分—這需要非常熟悉 SQL 注入與我們的資料庫結構。

- 受影響使用者：10 分—如果我們遺失資料庫，它可能會影響所有的使用者。

- 可發現性：8 分—我們所有的 API 都可能被不同的注入攻擊擊中並發現漏洞。

然後，DREAD 的評分模型會將所有分數進行加總再除以 5。因此在我們的例子中，加總後一共是 7+8+3+10+8=36，然後除以 5，我們得到的優先分數就是 7.2。接著，我們就會將這個 DREAD 模型應用於我們關注的每一個威脅，並根據分數對威脅進行排序，最高的優先等級分數將接近 10。

威脅模型說明了進入安全測試的門檻往往比人們認為的還要低很多。我們已經看到威脅模型是如何利用模型和風險分析，並重複使用我們從其他測試活動中建立的許多技能。磨練這些與威脅模型有關的技能，就可以開始辨識多樣化的風險，這些風險不需要我們了解每種攻擊如何發生的確切技術細節，但可以幫助鼓勵我們的團隊建立更安全的應用程式。

11.2 將資安思維應用在測試中

威脅模型為我們提供了一個建立資安思維的良好開始，我們可以將資安思維運用在其他測試活動中，以便能更進一步進行安全測試。我們可以結合威脅模型的結果來辨識出可以進行哪些測試活動，這將有助於我們實際了解應用程式的安全程度。

11.2.1 測試 API 設計環節中的安全測試

一般而言，在建立威脅模型時，最好是整個團隊一起協作進行。前面我們已經討論了想法和經驗的多樣性能如何幫助建立威脅模型。但這也為團隊提供了機會，讓他們一起了解威脅，針對管理威脅的計劃達成共識。

正如我們在第四章學到的，花一點時間和團隊預先討論 API 設計，可以進行以下：

■ 更加了解我們為什麼要建立相關的功能。

■ 確保每個人都清楚了解被要求建立的東西。

■ 捕捉任何可能威脅到我們將要建構產品品質的潛在風險。

在 API 設計會議協作以建立威脅模型可以幫助解決最後一點。一旦確定了威脅，我們就有機會討論並決定如何減輕它們。這可能會導致我們以不同的方式實現一個功能。例如，關於密碼重設的討論，可能會發現需要處理故意重設使用者密碼並將其鎖在帳號外的攻擊者。因此，我們擴大了功能工作，增加了密碼重置確認郵件與重置的時間限制。這對團隊有幫助，因為比起打造完產品之後（甚至在攻擊發生之後）再回來加入安全設計，在打造功能時加入會比較容易。

當然，我們可能不想為每一個改變都建立一個威脅模型。作為一個團隊，我們可以自行決定什麼時候要進行建立威脅模型活動。但是，如果能鼓勵定期建立威脅模型，也許我們利用新的知識來迭代以前的模型以節省時間，這樣一來，我們就可以養成在開始寫程式之前就加入安全設計的習慣，為我們日後的工作節省大量的時間與麻煩。

11.2.2 探索性安全測試

到目前為止，我們對安全風險的調查還是有些抽象，因為我們關注的是「可能」發生的情況。但如果是實際探索產品以發現目前存在於系統中的真實風險呢？這時，我們可以利用在第五章學到的探索性測試技能，使用同樣的方法，即透過設定時間盒來集中測試，不過這邊要關注的是資安。

制定資安的探索性測試章程

我們在第五章了解到，章程是根據我們認為哪些風險有必要了解更多資訊而建立，並且它可以用來指引測試。制定章程的用法在安全威脅方面也是一樣不變。

當我們在辨識要制定哪些有關資安風險的章程時，可以善用威脅模型這個資產。儘管有一些威脅可能會因為我們改變 API 設計而提早緩解，但我們還是需要研究產品的威脅來確定它們是否存在（特別是在專案後期要實作安全測試時）。因此，我們只需要先從威脅樹中選擇特定的威脅，將其視為章程並開始探索性測試。

不過，我們也可以從別的來源獲得靈感，值得一提的像是 OWASP 十大威脅（https://owasp.org/Top10/），它記錄了網路應用程式最常見的十種威脅，我們可以用這個清單建立以資安為重點的章程。OWASP 十大威脅搭配威脅模型會相當有用，因為它提供了我們不同的視角來看待潛在威脅。威脅模型的好壞取決於建模者，這意味著分析中會存在落差。善用 OWASP 十大威脅作為指引，可以確保我們分析中忽略的落差不會是網路應用程式的常見威脅。

OWASP 十大威脅適用於許多不同類型的網路應用程式，但不是所有裡面的項目都適用於以 API 資安為重點的脈絡，例如跨站腳本（cross-site scripting），因為我們並沒有渲染前端。但我們可以從 OWASP 十大威脅中挑選以建立一個探索性測試章程。在下面的例子中，我們要來建立一個受 OWASP 十大威脅中第七點影響的章程，即「認證及驗證機制失效」（Identification and Authentication Failures），並將其寫成章程，如下：

> 為了探索 auth API
>
> 我們使用 Burp Suite 和一個常見的密碼清單
>
> 以查看一個密碼是否可以被暴力破解

然後，我們可以簡單探討如何使用 Burp Suite 工具執行像這樣的章程，以發現更多 auth API 中的潛在威脅。

使用工具進行探索

該章程的目標是發現當我們對密碼進行暴力破解時，auth API 是如何回應。它是否會直接接受請求？它是否會在一段時間後開始出錯？是否會被順利破解？為此，我們將使用安全測試工具 Burp Suite，它包含了一系列的掃描和攻擊工具，我們可以用它來進行攻擊。我們將使用社群版的 Burp Suite，可以在 https://portswigger.net/burp/communitydownload 找到。有了 Burp Suite，執行暴力攻擊所需的一切也都準備齊全了。

> **其他的安全測試工具**
>
> 值得一提的是，Burp Suite 的專業付費版有一系列額外的工具，可以讓我們在探索性測試環節中使用這些工具來發現漏洞，但它是要付費的。如果你考量的是價格，那麼可以使用其他工具，例如 OWASP ZAP（https://www.zaproxy.org/）是一個開源且可以免費使用的工具，但學習難度也相對較高。

為了建立測試環節，我們需要執行以下兩個初始步驟：

1. 執行沙盒 API 應用程式。我們可以使用沙盒提供的執行腳本來完整執行應用程式，或者，因我們目前關注的只有 auth API，因此可以自己載入 auth API。

2. 安裝並打開 Burp Suite 社群版。因為是社群版，我們目前只能選擇一個臨時專案來執行，但這對我們來說並不是問題。如果沒有其他要求，使用 Burp Suite 預設設定即可。

管理 Burp Suite 的 proxy

Burp Suite 的其中一個功能是 proxy，用於捕獲請求和回應，以便進一步分析。雖然我們不會在這次範例中使用它，但我們需要知道它正在執行，尤其是因為它的預設連接埠是 8080，這與沙盒 API 執行的連接埠相同。因此，如果你載入沙盒 API 時遇到問題，卻從 Burp Suite 得到一個回應，只需要在 Burp Suite 中進入 Proxy > Option 將 Proxy Listener 的 proxy 關閉，或者點擊 proxy 清單選擇 Edit，然後將連接埠從 8080 改成任何其他可行的連接埠，例如 8081。之後你就可以重新啟動沙盒 API 了。

設置完畢後，我們就可以開始建立攻擊。為此，我們將使用 Burp Suite 的 Intruder 功能，可以在應用程式上方的分頁中找到它。在填寫 Intruder 的攻擊細節之前，我們需要一個 HTTP 請求來發送模糊的細節。因為我們的重點是 auth API 的 POST /auth/login 端點，所以會需要有 HTTP 請求的細節；但是，這不是現在的重點，所以可以先使用下面的 HTTP 請求：

```
POST /auth/login HTTP/1.1
Host: localhost:8080
Content-Type: application/json

{
    "username": "admin",
    "password": "fuzzme"

}
```

有了合適的 HTTP 請求，我們就可以開始設置 Intruder 攻擊。從「Intruder」分頁的 Target 選項中，輸入我們要模糊處理的應用程式的主機和連接埠。根據我們載入的是整個應用程式，還是只有 auth API，我們的設置如下：

- Host：localhost

- Port：8080

如果沙盒環境已開啟，而其中只有啟動 API，那麼細節是：

- Host：localhost

- Port：3004

這裡新增的內容必須吻合於 HTTP 請求中的 Host 標頭。否則會得到錯誤。

接下來，我們打開「Positions」分頁，會看到一個可以貼上我們 POST/auth/login 的 HTTP 請求區域。一旦貼上請求，就需要對其進行設置，以表示我們要對哪些欄位進行模糊處理。因為我們的目標是嘗試不同的密碼，我們要在 JSON 物件中選擇 fuzzme（不要包含引號），然後點擊 Add（新增），這可以在應用程式的右側找到。以上行為告訴 Burp Suite，我們打算用「Payloads」分頁中設置的不同模糊選項來替換 fuzzme 的內容。

一旦配置好請求，就要新增一個我們想進行的攻擊清單。這要在「Payloads」分頁中設置，我們將使用以下一些預設設定來建立攻擊：

- Payload set—因為我們只設置了一個參數來改變 HTTP 請求：fuzzme，這裡的數值可以維持為「1」。

- Payload type—Burp Suite 為我們要新增的負載提供了一系列選項，我們可以根據要進行的攻擊類型來選擇。然而，由於我們要使用常見的密碼清單進行暴力攻擊，所以選擇「Simple list」類型即可。

- Payload options—這是用來新增我們想要使用常見密碼的地方。為了獲得常見密碼清單，可以在網路上用關鍵字「Common Passwords txt list」搜尋，就可以得到常見密碼清單的結果（我在 http://mng.bz/rnYg 找到了一個）。一旦你找到了一個清單，就將其複製下來，然後貼到 Payload 選項中。

現在已經將 Burp Suite 指向了正確的主機，用參數化的密碼更新 HTTP 請求，並加入了一個密碼清單來進行模糊處理，我們已經準備好執行攻擊了。點擊右上角的 Start attack 來開始攻擊環節。我們將開始看到類似於圖 11.5 的輸出。

Results	Target	Positions	Payloads	Resource Pool	Options

Filter: Showing all items

Request ∧	Payload	Status	Error	Timeout	Length
0		200	☐	☐	138
1	123456	403	☐	☐	101
2	12345	403	☐	☐	101
3	123456789	403	☐	☐	101
4	password	200	☐	☐	138
5	iloveyou	403	☐	☐	101
6	princess	403	☐	☐	101
7	1234507	403	☐	☐	101
8	rockyou	403	☐	☐	101
9	12345678	403	☐	☐	101
10	abc123	403	☐	☐	101
11	nicole	403	☐	☐	101
12	daniel	403	☐	☐	101
13	babygirl	403	☐	☐	101
14	monkey	403	☐	☐	101
15	lovely	403	☐	☐	101
16	jessica	403	☐	☐	101
17	654321	403	☐	☐	101
18	michael	403	☐	☐	101
19	ashley	403	☐	☐	101
20	qwerty	403	☐	☐	101
21	111111	403	☐	☐	101
22	iloveu	403	☐	☐	101
23	000000	403	☐	☐	101
24	michelle	403	☐	☐	101

圖 11.5 在 Burp Suite 中執行 Intruder 的結果

我們可以在結果中看到發送了哪些密碼的細節，後面則是回應的狀態碼。我們可以點擊每個請求來掌握更多細節，但這個環節中有趣的是請求和它們的狀態碼的數量——具體來說，就是我們能夠用其中一個密碼來獲得 200，其他所有請求都回傳 403 而不是系統拒絕請求的錯誤。這就告訴我們應用程式有以下資安問題：

■ 管理員的預設密碼非常弱，它就是我們使用的常見密碼清單中的第四個。

■ 沒有任何管控措施來防止對密碼的暴力破解。

在安全測試工具的協助下，這個簡短的探索性測試環節已經發現了兩個需要解決的潛在問題。如果我們回過頭來觀察環節期間發生的事，它與我們在本書中分析的其他探索性環節沒有什麼不同。我們遵循一個章程來了解一個特定的風險，並使用工具來支援探索，關注的只是在不同類型的風險上。我們再次證明了，將資安思維套用到既有的測試活動可以快速為我們帶來好處。

小練習

請嘗試使用 Burp Suite 的 Intruder 執行一個探索性測試環節。下面是一些你可以考慮模糊測試的建議區域：

- `POST /messag`一對訊息負載進行 SQL 注入的模糊測試。
- `GET /booking/`一對查詢字串 `roomid` 進行模糊處理，以發現潛在的漏洞。
- `POST /auth/`一對可能導致 API 發送伺服器錯誤的登入負載內容進行模糊處理。

11.2.3　自動化與安全測試

上述探索性測試的範例展示了可以善用資安工具來幫助我們了解更多的威脅。而且我們還可以新增其他資安工具，作為自動化 pipeline 的一部分。在第六章中我們了解到自動化檢查如何作為指標來警告系統中變化帶來的影響，我們可以分析這種變化是否影響了應用程式的品質。在資安方面我們也可以做類似的事情，即利用工具來告訴我們對漏洞的認知是否發生了變化。

當建構系統時，我們藉助了大量的第三方函式庫和依賴關係，並在程式碼中使用目前流行的設計模式。儘管我們一直盡力確保工作中沒有漏洞，但實際上，我們不可能預防所有可能的威脅。每個設計模式都有可能在日後被發現容易受到特定類型的攻擊，而依賴關係也可能會被發現有漏洞（例如，在筆者撰寫這一章的時候，log4js 的漏洞就被公布了）。關鍵是當這些漏洞被發現時，我們如何應對。如果攻擊者知道這些漏洞了，那麼遲早會出現新的工具來將這些漏洞變成攻擊者的武器。為了保護自己，我們必須確保在這些漏洞被發現時能意識到它們，確定這些漏洞是否存在於系統中，並在它們成為更大的問題之前出手緩解。

為了做到這一點，我們可以使用自動化來幫忙找出程式庫中現有的漏洞或新的漏洞，讓我們來看看以下使用工具找出潛在漏洞來解決的兩種方法。

靜態分析（Static Analysis）

靜態分析是指分析程式庫問題的過程，它是檢測工作中潛在威脅一個很好的方法。像 SonarQube 和開源的 linters 工具都有一系列的外掛來整合，能在程式碼部署前對其進行審查，以便可以警告我們存在威脅。事實上，我們可以選擇的外掛非常多，甚至是多到令人眼花撩亂（http://mng.bz/Vy7X）。

讓我們看看靜態分析的一個例子，它可以作為 pipeline 的一部分，用 SpotBugs（https://github.com/ spotbugs/spotbugs） 和 Find Security Bugs（https://find-sec-bugs .github.io/）的外掛分析 auth API 程式庫，看看其中可能存在什麼問題。首先，我們將以下外掛新增到 auth pom.xml 中：

```
<plugin>
    <groupId>com.github.spotbugs</groupId>
    <artifactId>spotbugs-maven-plugin</artifactId>
    <version>4.5.0.0</version>
    <configuration>
        <plugins>
            <plugin>
                <groupId>com.h3xstream.findsecbugs</groupId>
                <artifactId>findsecbugs-plugin</artifactId>
                <version>1.10.1</version>
            </plugin>
        </plugins>
    </configuration>
</plugin>
```

一旦新增了這個外掛，我們就可以打開終端機來執行 mvn spotbugs :check 來對程式庫進行分析，然後它會輸出一個需要修復的警告清單。例如，在某次執行時檢測到以下內容：

```
[ERROR] Medium: Cookie without the HttpOnly flag could be read by a malicious
    script in the browser [com.automationintesting.api.AuthController] At
    AuthController.java:[line 30] HTTPONLY_COOKIE
```

```
[ERROR] Medium: Cookie without the secure flag could be sent in clear text if
    a HTTP URL is visited [com.automationintesting.api.AuthController] At
    AuthController.java:[line 30] INSECURE_COOKIE
```

有了這些回饋，就可以主動更新程式碼，使其更加安全。

依賴檢查（Dependency Checking）

靜態分析對於檢查程式碼是否有潛在的漏洞很有用，那麼對於建構系統時依賴的函式庫呢？保持依賴關係的更新已經是保護系統安全的重要一環，像 GitHub 這樣的網站有提供依賴關係檢查作為標準。GitHub 會定期掃描程式庫，告知我們在依賴關係中新發現的漏洞。

然而，上述是在程式碼被提交並儲存在第三方網站之後才發現的，這對某些情況來說可能不是很理想。作為一種替代方案，我們可以使用 OWASP Dependency-Check（https://jeremylong.github.io/DependencyCheck/）等工具，它允許我們在提交程式碼之前在本地端執行檢查。

我們來看看如何使用 Dependency-Check 來發現 auth API 的漏洞。首先，透過新增以下 XML，將 Dependency-Check 外掛新增到 auth pom.xml 中：

```
<plugin>
    <groupId>org.owasp</groupId>
    <artifactId>dependency-check-maven</artifactId>
    <version>6.5.0</version>
    <executions>
        <execution>
            <goals>
```

```
            <goal>check</goal>
        </goals>
    </execution>
  </executions>
</plugin>
```

新增完畢後，打開終端機來執行 **mvn** `verify`。一旦所有的自動化檢查執行完畢，我們將看到在 **target/dependency-check-report.html** 中的依賴檢查報告。該報告為我們提供了所有依賴關係的詳細資訊，以及哪些依賴關係有已知的漏洞。例如，針對 `auth` 的快速執行顯示，`jackson-databind` 依賴關係有一個嚴重的漏洞，需要立即將該依賴關係更新到已經修補好該漏洞的版本。

依靠自動化

以上是兩個可以加入 pipeline 的方法，透過掃描程式庫並告知任何潛在的資安風險，但還有很多工具可以利用。例如在前面的探索性測試環節中使用的 Burp Suite 就有命令列執行的功能（其中一些是付費版功能），可以作為 pipeline 的一環來使用（OWASP ZAP proxy 也有類似的功能）。不過，已經證明的是，如果我們再一次從資安的角度看自動化，那麼像這樣的工具不需要太多的投資就可以幫到我們。

但有一點需要提醒：就像自動化回歸檢查不會發現每一個問題，資安掃描工具也不會發現每一個漏洞。它們可以幫助加強我們對威脅的安全測試回應，但我們必須確保資安自動化不會讓我們陷入虛假的安全感，導致我們從攻擊者那裡得到最不想要的驚喜。

11.3 安全測試作為策略的一部分

資安是一個廣泛的話題，不幸的是，我們會容易受到各式各樣的攻擊。然而，本章已經證明，安全測試中使用的許多技能和方法與前幾章中學到的沒有什麼不同。當我們想到安全測試時，可以把它看作是一種思維，將安全測試作為更大的策略的一環，搭配現有的測試技術，例如模型、分析、協作、

自動化和探索性測試技能。我們可以在整個策略模型中應用它,如圖 11.6
所示。

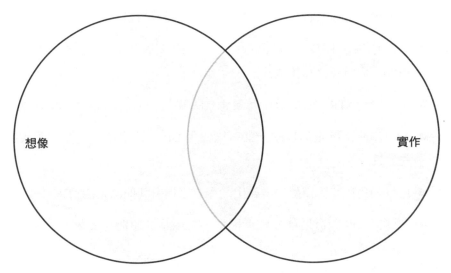

想像　　　　　　　　　　　　　　　　　　　　　實作

圖 11.6　模型展示了在整個測試策略中需要資安思維來保持應用程式的安全

我們在測試 API 設計時看到了如何協作進行威脅模型,這可以鼓勵團隊成員
在工作中重視資安。我們了解到,在系統中發現潛在的威脅,就像探索性測
試一樣,我們可以使用章程來專注於特定的資安威脅。最後,我們了解到可
以使用自動化工具來主動告知資安問題,並鼓勵我們保持系統更新以保護其
免受已知的威脅。所有這些活動都跟許多團隊以「品質」為目的所做的事是
一樣的,但只是將資安思維注入測試中,我們就可以為建立更安全的系統作
出貢獻。

總結

- 安全測試的動機與其他測試活動是相似的。

- 它使用常見的技術和技能,例如模型和風險分析,以發現與資安相關的
  品質特性有關的風險。

- 我們可以使用威脅模型來研究威脅，並對要減輕系統中的威脅安排優先順序。

- 威脅模型的第一步是使用資料流程圖或類似的工具建立一個系統模型。

- 可以應用 STRIDE 以辨識威脅。STRIDE 代表釣魚、篡改、否認、資訊洩漏、阻斷服務和特權提升。

- 可以應用 STRIDE 的每個元素建立威脅樹，以辨識特定類型的攻擊。

- 一旦識別出特定的攻擊，就可以使用 DREAD 來確定所關注的攻擊的優先順序。

- 可以使用在威脅模型中辨識出的內容來指引其他測試活動。

- 在測試 API 設計時建立威脅模型，可以及早捕捉到威脅，並修改設計以減輕威脅。

- 我們可以建立並執行關注於資安威脅的章程來進行探索性測試。

- 探索性測試環節可以使用安全測試工具（例如 Burp Suite 與 ZAP）來輔助。

- 可 以 在 pipeline 中 加 入 安 全 掃 描 工 具 和 linter（ 例 如 SpotBugs 或 Dependency-Check），以發現程式碼或我們使用的函式庫中的漏洞。

- 測試策略模型中的各個部分都可以套用資安思維。

在正式環境中測試

12

本章涵蓋

- 正式環境中的測試是什麼
- 作為測試策略的一環，在正式環境中測試的價值
- 如何確定要在正式環境中追蹤的內容
- 設置正式環境中的測試
- 在正式環境中利用測試的其他方法

Eric Ries 在 2011 年出版《精益創業》（The Lean Startup）時，他提出的策略和思維影響了各行各業，其中就包括軟體開發。Eric 論述的核心是我們要確保在進行高品質的交付時，盡可能地減少浪費。正如他在 LinkedIn 的一篇部落格貼文中所寫的（http://mng.bz/xMO8）：

> 「問題是，品質的定義因人而異。對於一個以營利為導向的公司來說，品質是由客戶的需求來定義的。因此，如果我們與客戶想要的東西不一致，那麼我們花在完善所有細節並使一切完美的時間實際上是浪費，因為我們最終讓產品偏離了客戶所想要的方向。」

從 Eric 對品質的態度，我們可以學到兩件事。第一，品質是「由客戶的需求來定義的」，這也是我們在本書深入討論過的話題。第二，我們需要一些方法來成功測量使用者和系統的行為，以幫助我們了解產品的品質。第二個要學習的範圍很廣，這時測試策略就能派上用場，那就是採用「在正式環境中測試」的思維。

「在正式環境中測試」這句話會讓一些人感到焦慮。腦海中浮現出未經整理的測試資料出現在真實的網站上、正式環境的系統故障，或者帳號不安全而留下資安漏洞讓攻擊者有機可趁等畫面。但是，當考慮到正式環境中的測試時，重要的是退一步並提醒自己測試最主要的目標。

正如我們之前討論的，測試是關於盡可能了解對產品的想像（我們想要什麼）與實作（我們擁有什麼）來使這兩個部分一致。為了實現這個目標，我們可以用不同的方式磨練產品，觀察它會發生什麼。但我們也可以藉由觀察系統，以及其他人如何使用系統來學到很多東西。因此，當我們說「在正式環境中測試」時，考慮的不是刻意使用系統來發現問題，而是在使用者與系統互動時，測量系統的指標並反應。這些將在接下來開始在正式環境中測試時變得更加清晰。

12.1 規劃正式環境中的測試

在正式環境中測試的動機是學習使用者如何與產品互動，以及系統在「上線」的環境中的行為。我們需要一個計劃來收集指標並對其進行分析。因此，在使用任何工具來支援正式環境中的測試前，我們需要回答這些問題：我們應該追蹤哪些指標，以及如何確定這些指標是否指出潛在的品質下降？

12.1.1 要追蹤什麼

為了確定要追蹤什麼，我們可以使用網站可靠性工程師（SRE）開發的技術來確定以下內容：

■ 每個產品功能必要的可用性和可靠性的水準。

■ 我們要追蹤哪些指標來幫助我們確定其水準。

經由回答這兩個問題，SRE 能夠制定一個計劃來追蹤他們所負責的產品是否滿足業務端與終端使用者的期待。我們同樣可以用這種方法來了解使用者是如何與我們的系統互動的，以及系統本身是如何反應，這兩者都可以幫助了解我們是否正在提供一個高品質的產品。為了展示，我們來看看如何在沙盒 API 的範例中回答這些問題來辨識出我們想要追蹤的指標。

要回應「要追蹤什麼水準」和「用什麼指標來追蹤」這兩個問題，我們需要了解三件事：

■ 服務水準協議（Service-level agreement，SLA）

■ 服務水準目標（Service-level objective，SLO）

■ 服務水準指標（Service-level indicator，SLI）

這三者的關係總結如圖 12.1 所示。

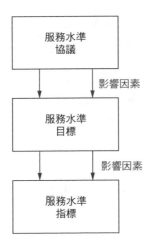

圖 12.1 顯示服務水準協議、服務水準目標和服務水準指標之間的關係，以及它們如何相互影響的模型

我們很快會更詳細地討論這三者，但此時的重點是要記住，較高水準所定義的內容將影響較低水準所追蹤的內容。為了更好地理解這些其中的每一個層級，讓我們以 restful-booker-platform 作為範例來討論。

12.1.2 服務水準目標（Service-level objective）

從模型的中間開始介紹可能會很奇怪，但因為服務水準目標（SLO）是由團隊直接管理與追蹤的，所以從這裡開始會比較合理。如果我們發現自己處於沒有明確的服務水準協議（SLA）的情況下，而被要求制定自己的 SLO，這就變得更加必要。

SLO 是由團隊設定的衡量標準（或者門檻），用來確認產品是否符合某些期望，例如可用性、可靠性和回應性。例如，一個 SLO 可能是產品在給定的時間範圍內（一天、一週、一個月等）至少要有 95% 的可用性。設定這個 SLO 意味著我們可以用它來衡量產品在使用過程中是否符合這個期望。如果我們沒有達到 SLO，就可以做出相應的反應，然後辨識和解決可能導致沒有達成 SLO 目標的問題。

SLO 的有趣之處在於它們與第三章討論的品質特性很相似。傳統上，SLO 有更明確的技術重點，因為它們是透過系統指標的測量來決定的。但這並不意味著它們沒有著重在品質特性所關注的，也就是使用者和他們的體驗。在辨識 SLO 時，我們實際上就是在辨識品質特性的測量，這和我們為策略辨識品質特性很相似，這將有助於我們了解自身產品的品質水準。

考慮到這一點，讓我們回到第三章為 restful-booker-platform 辨識出的品質特性，看看我們是否可以捕捉到相關的 SLO 來進行追蹤。我們的測試策略旨在支援團隊改進 restful-booker-platform 的以下品質特性：

- 直觀性
- 完整性
- 穩定性

- 隱私性

- 可用性

- 可定制性

在本章中，我們將從這些特性中挑選一個來將其轉變成 SLO。應該選哪一個呢？當我們瀏覽這些特性時，有一些特性的測量可能會相當複雜。例如，直觀性沒有明顯的衡量標準。我們可以使用諸如兩次請求之間的時間等指標來推斷使用者瀏覽系統的難易程度，但這並不能排除其他因素。然而，其他特性如（例如可用性）可以更快速地測量。因此，我們以可用性為例，我們將可以設置以下 SLO：

> 在 24 小時內，restful-booker-platform 的可用性將達到 99%。

有了這個 SLO，接著需要考慮要測量的指標。但在我們進行之前，讓我們看看定義 SLO 時的另一個輸入。

12.1.3 服務水準協議（Service-level agreement）

簡單來說，服務水準協議與服務水準目標是一樣的，但有以下幾點注意事項：

- 它在與使用者簽訂具有約束力的合約中會被明確指出。

- 未能達到協議水準的情況會有某種懲罰。

例如，對於每一個民宿業主，我們同意並與他們簽署一個 SLA。該 SLA 可能就會有一個關於可用性的聲明，和我們前一小節選擇的可用性部分有點相似，聲明中還會另外提到關於懲罰的細節。比如：

> RBP 的可用性將在一個月的時間內達到 95%，如果可用性低於 95%，將向客戶支付 1,000 元的罰款。

顯然這個例子並不是百分之百完美的法律條文，不過它確實凸顯了 SLA 和 SLO 之間一些有趣的區別。首先，95% 的數字與 SLO 中的 99% 不同。在這個例子中，95% 的 SLA 可能是由不同的團隊（例如法律或客戶服務）與客戶共同協商達成的，而如前所述，團隊對他們想要達到的 SLO 有更多的控制權。團隊透過設定 99% 這個更高的目標門檻，這樣一來，當我們的 SLO 下降到低於門檻時，就有可能在觸發罰款之前給我們一些時間來反應。

平衡成本和水準

儘管設置一個較高的 SLO 臨界值是有意義的，這樣能讓我們有時間對水準下降的情況作出反應，但我們確實需要考慮高臨界值帶來的成本。讓一個系統保持 99% 的可用性在時間和資源上都有較高的成本，而且相比於 95% 的可用性，它可能會使我們的日常工作受到更多干擾。在定義 SLO 時，更好的做法是選擇一個成本不會過高，又能提供緩衝空間的目標。

SLA 和 SLO 之間的第二個主要區別，就是 SLA 沒有達到目標時會有懲罰。懲罰可以被視為是一種補償客戶收入損失的方式，或是一種激勵企業達到某些標準的方式。但是，懲罰也能讓我們了解到客戶 / 使用者的心態，這對思考他們對品質的考量時很有用。在 SLA 中優先出現的水準，或帶有較高經濟處罰的水準，可以告訴我們很多關於哪些品質特性很重要的資訊，這樣我們就可以把它們納入正式環境測試和其他測試活動中。這有助於辨識優先順序較高的風險，並選擇在特定時間實作哪些測試活動。

總結來說，如果存在 SLA，合約中規定的服務水準至少會決定我們使用的 SLO。除了 SLA，工程團隊應該要根據研究使用者對於品質的看法來定義 SLO。一旦制定好 SLO，我們就可以開始定義要追蹤哪些指標來衡量我們是否達到了可接受的水準。

12.1.4 服務水準指標（Service-level indicator）

如果服務水準協議和服務水準目標描述了產品應該達到什麼水準，那麼服務水準指標就是我們用來追蹤滿足特定期望是成功或失敗的方式。例如，讓我們回到 SLO：

> 在 24 小時內，restful-booker-platform 的可用性將達到 99%。

我們需要找出一種方法來衡量 restful-booker-platform 的可用性。要做到這一點，我們可以：

- 記錄每個使用者發出請求的狀態碼。

- 記錄我們對每個 API 所做的 ping 的結果。

- 查詢硬體指標並確定其水準。

雖然最簡單的方法可能是定期 ping 每個 API 並測量回傳的狀態碼，但我們希望資料能真實反映使用者的體驗。這就是為什麼我們將追蹤使用者對 SLI 提出的每個請求的狀態碼。

當每個回應被回傳時，我們將會把狀態碼加到我們在 24 小時內（依據 SLO 設定）收集的所有狀態碼中，以確定我們是否仍處於門檻的 99% 可用性。這意味著，如果我們在 24 小時內開始收集到錯誤狀態碼或網路超時，導致可用性低於 99% 的水準，我們就會知道 SLO 沒有達標，並且有可能違反我們的 SLA。

這個例子給了我們一個關於 SLI 的基本概念，但我們需要思考一些測量以外的事情。我們可以用追蹤狀態碼作為 SLI 的開始，但我們可能還需要進行以下：

- **根據不同地區來追蹤**—我們的 RBP 實例可能部署在不同的伺服器區域。能夠找出哪些地區不可用，可以幫助我們及早診斷問題。

■ **查看歷史資料**—雖然指標會觸發行動來修復降低可用性的因素，但我們可能還是需要查看歷史資料來分析趨勢，比如部署太慢而導致不可用性攀升。

■ **追蹤回應時間**—一個需要 20 秒來回應的 API 並沒有比停止運作的 API 好到哪去。事實上，我們的 SLA 可能會將可用性定義為停機或需要五秒以上的時間來回應。追蹤回應時間可以幫助我們衡量可用性，並診斷可用性不足的相關問題（例如效能瓶頸或第三方應用程式對產品造成不良影響）。

這些只是幾個在定義 SLI 時可能需要考慮的其他例子。這些不僅對定義我們如何衡量是否有達到 SLO/SLA 很重要，還將決定我們如何挑選和設置工具。

12.1.5　要保存什麼

儘管 SLI 幫助我們確定了要測量的指標，但我們仍然需要思考 SLI 的執行以及如何設置測量工具。挑選一個允許我們捕捉廣泛指標的工具，讓它量測我們的應用程式，看看會發生什麼事，這聽起來很棒。但是，隨著系統的增長，收集的指標數量也隨之增長，我們需要確保最終不會發生問題，比如高成本的資料管理，以及遺失或錯過歷史資料等。現在我們來簡單探討挑選合適的工具有哪些因素要考慮。

指標結構

儘管許多函式庫和框架都有提供日誌記錄，但它們的結構和範圍不一定最符合我們要使用的結構。通常日誌被當作一種通知我們系統內發生的行動或問題的方式。但我們的目標是主動追蹤資訊，告訴我們使用者和系統之間的互動情況。當日誌與分散式 Web API 的系統一起使用時，這就變得更加複雜了，每個 API 都負責特定的服務。想像一下試圖翻閱一長串的日誌來診斷 100 多個 Web API 的問題。

因此，我們應該考慮使用事件（event）來建立指標。在每個請求發出後，收集相關資訊。我們可以捕捉標準常見的屬性，例如 HTTP 請求標頭、負載和 HTTP 回應狀態碼等。我們也可以加入其他有趣的資訊，例如獨有的識別碼和使用者的詳細資訊。此外，事件可以很容易地放在一起比較，幫助我們追蹤使用者在 API 平台上的請求過程，可以讓我們之後要分析時更方便。

採用事件來代替日誌的工具，我們可以將重點轉移到追蹤使用者在平台上的行為。

儲存位置與長度

另一個要考慮的因素，就是要在哪裡儲存指標資料以及要存多久。當追蹤服務水準相關的指標時，我們可以選擇將資料保留在服務水準的有效時間內（例如 24 小時）或更長的時間，以幫助我們分析問題或找出更大範圍內的趨勢。我們也可以考慮在有效時間與更長的時間之間進行折衷，將我們的資料分割成小型、詳細資訊較少的資料集，使我們能夠查看資訊量較少的歷史資料。

每一個方法都有各自的優缺點。我們的 API 平台能夠產生的資料量可能非常龐大，我們將需要支付儲存和分析這些資料的費用。此外，由於我們追蹤的是真實使用者的資料，因此需要考慮隱私和安全問題，而我們對待資料的嚴格程度取決於我們的領域。一個選擇是，一旦你的 SLO 完成後，即將資料匿名、甚至降採樣（downsample），意思就是刪除非必要的資料。這會提供一個低保真度且更高成本的資料結果，但可以保存比較長的時間。

額外資訊

我們可能對想要收集的部分指標有一個明確的想法，比如狀態碼或 restful-booker-platform 例子中的回應時間，但我們需要花一些時間考慮可能還需要其他指標。如果我們希望有能力分析歷史指標，就必須透過其他方式取得無法輕易得到的有用資訊。如果像是使用者位置、使用者代理或系統特定狀態等資料遺失的話，就會使問題更難分析。然而，它必須犧牲掉儲存的時間長度：我們追蹤的越多，要儲存和處理的就越多。

時間與預算

我們必須建立對想要收集的指標的理解，以及它們將如何幫助我們辨識工具是否有效。例如，儲存的時間長度和歷史分析的因素會引導我們選擇具有可觀察性思維（observability mindset）的工具，而其他工具可能會引導我們走向監測之路。無論我們為指標做出什麼選擇，在選擇工具時，我們還需要考慮其他的因素，以貼近更廣泛的策略主題。

例如，收集指標和設置警報工具的範圍非常廣泛。快速調查一下現有的監測或可觀察性工具，你會發現有很多可使用的開源工具，包括一系列不同價位的付費選項。與大多數工具一樣，我們需要做出選擇和妥協。有一些工具提供了雲端版本，方便我們整合到現有系統中，但也有不同的價格。其他工具提供了客製化的能力，但它需要大量的配置、維護設置、資料管理與備份。團隊應該進行討論，以確定我們願意花多少錢和時間在想用於正式環境測試的工具上。另外，隨著這些資料量測工具變得越來越複雜，學習曲線也在增加。在提高團隊技能以適應使用這些工具上也需要投資，並確保這些知識隨著團隊的成長和變化而保持下去。

最後，要讓正式環境的測試成功，我們需要一個明確的計劃。我們已經了解到需要先確立服務水準，再來規劃如何達到這些水準，這會提供我們一個明確的方向來遵循。接著，我們需要確定在正式環境中執行測試所需要的東西，並花時間來研究手上的選項。一旦方法建立起來，在正式環境中執行測試就會更順利。

12.2 為正式環境的測試進行設定

隨著監測、可觀察性和測試在正式環境中的思維和技術不斷發展，可以選擇的工具數量也有爆炸性的成長。有一系列不同的付費或開源工具可供我們利

用。為了幫助建立 restful-booker-platform 正式環境的測試，我們將使用可觀
察平台 Honeycomb。Honeycomb 是一個流行的工具，允許快速投放工具來追
蹤我們應用程式中的事件並進行審查。Honeycomb 的核心是一個 SaaS 應用程
式，我們可以經由網路存取並分析嵌入在我們軟體中的特定 Honeycomb 函式
庫所發送的事件。Honeycomb 將提供我們本章所需的一切，但當選擇你自己
的工具時，要花時間看一下可用的選項，以確定哪些工具對你實施 SLI 的幫
助最大。

12.2.1 設置一個 Honeycomb 帳號

我們需要一個能夠從 API 中捕獲事件資料，並將其發送到一個中心位置進行
處理和分析的工具，而 Honeycomb 就有這個功能。Honeycomb 提供了一系列
的免費功能，例如簡單的 API 整合、豐富的查詢和易於設置的警報。當然，
他們還有其他更多的付費功能，不過免費版本已足夠提供我們目前在正式環
境中建立測試所需的一切。

我們首先需要在 Honeycomb 建立一個帳號。我們的 Honeycomb 帳號將是一個
中心點，當應用程式啟動和執行時，我們的事件資料將被發送至此。步驟很
簡單，只需要前往 https://honeycomb.io，然後點擊「開始」來建立你的帳號。

一旦你的帳號建立完成，接下來需要建立一個新的團隊。輸入你的團隊的
名稱；例如，我把我的團隊命名為 rbp，然後按下 Enter。你的帳號即設置
完成，並等待事件資料的發送。你還會看到你的 API 金鑰，它將會用來驗
證來自我們 API 的事件資料。複製 API 金鑰以便之後使用。現在我們來用
Honeycomb 設置我們的 API。

12.2.2 將 Honeycomb 新增到 API 中

你可能已經注意到，在 restful-booker-platform 的程式庫中，Honeycomb 已經
被設置在 `branding`、`booking` 和 `auth` API 中來幫助示範它是如何運作的。

但如果我們想從其他 API 追蹤事件，我們需要將 Honeycomb 整合到其他 API 中。在本節中，我們將用 Honeycomb 設置 room API。

Honeycomb 的優勢之一是它能輕鬆跟一系列開源 API 框架進行整合。無論是 Java、JavaScript 還是 C#，Honeycomb 團隊都致力於將 Web API 與他們的服務整合更簡單。

在我們探索 restful-booker-platform 的過程中，我們了解到 API 是使用 SpringBoot 所打造。這對我們來說是個好消息，因為 Honeycomb 有一個易於使用的函式庫可以連接 Honeycomb 和 SpringBoot API。我們需要做的就是在 room API 的 pom.xml 中加入以下依賴關係來新增 Honeycomb：

```
<dependency>
    <groupId>io.honeycomb.beeline</groupId>
    <artifactId>beeline-spring-boot-starter</artifactId>
    <version>1.5.1</version>
</dependency>
```

NOTE

可以的話，請將版本更新為最新版本。

beeline 函式庫是用來收集事件資料，並將其發送到 Honeycomb 帳號。這意味著為了完成設置，我們需要在 application.properties 文件中新增以下內容來配置它：

```
honeycomb.beeline.enabled=true
honeycomb.beeline.service-name=rbp-room
honeycomb.beeline.dataset=rbp-room-dataset
honeycomb.beeline.write-key=<APIKEY>
```

enabled 和 write-key 選項很好理解，它們允許我們啟用 Honeycomb，然後儲存 beeline 將要用來連接和發送事件的 API 金鑰。service-name 選項允許我們為正在發送的事件新增一個服務名稱，以幫助我們識別該事件在 Honeycomb 的來源。最後一個選項 dataset 則允許我們設定事件將被發送到

Honeycomb 的哪裡儲存。我們可以選擇一個資料儲存處，這樣來自所有 API 的所有事件都被發送到其中，或者可以選擇為每個 API 都設置一個資料儲存處。我們要如何搜尋資料以及我們確定的 SLI，將決定要選擇哪種方法。

不要在程式碼中保存你的金鑰

永遠不要在你的儲存庫中存放你的金鑰。最好是在部署應用程式時使用環境變數將金鑰寫入 Honeycomb 再發送到你的 API，並在執行 SpringBoot API 時呼叫以下內容：`Dhoneycomb.beeline.write-key=$HONEYCOMB_API_KEY`

在 API 設置為連接到 Honeycomb 後，你可以在 IDE 中執行 room API 來啟動 API，或者用 `mvn clean install` 建構它，再用 `java -jar java -jar restful-booker-platform-room-{versionnumber}.SNAPSHOT.jar` 執行。這會載入 API 並自動與 Honeycomb 建立連接，準備發送事件。

為了測試整合，打開一個新的終端機頁面，多次執行以下請求來產生一些事件：

```
curl http://localhost:3001/room/
```

產生一些事件後，回到 https://ui.honeycomb.io/ 的控制儀表板，重新登入或重整頁面。你會發現，主頁顯示的不是你的 API 金鑰，而是 API 的事件指標。這意味著我們已經準備好根據 SLI 來新增觸發器。

用 GraphQL 還是 REST？它們都是事件！

Honeycomb 的另一個特點是，無論你的 HTTP 請求是什麼結構，不管是使用 REST 還是 GraphQL，Honeycomb 都會把它們作為事件並記錄。無論你的 API 架構是如何，像 Honeycomb 這樣的工具允許你以類似的方式在正式環境中執行你的測試方法。

小練習

用 Honeycomb 配置 `room` API 的方式，將 Honeycomb 新增到 `report` API 和 `message` API 中來完成一整套設定。你也可以更新其他 API 的設置，使它們都能指向你的 Honeycomb 團隊。

12.2.3 進階查詢

現在我們的 Honeycomb 資料集中出現了事件的資料，接著就可以開始查詢資料來更了解被儲存的事件，並且使用「觸發器」建立警報，以便沒有達到 SLO 時通知我們。在把事件變成觸發器之前，讓我們先熟悉一下如何建立有用的查詢事件。

我們前面有提到，所有從 API 發送的事件都儲存在資料集中。要查詢資料集中的事件，首先需要選擇要查詢的資料集。如果我們想要將所有的事件新增到一個資料集中，那麼可以直接選擇 New Query。但如果我們有多個資料集，可以在目錄上選擇「資料集」（Datasets）來查看它們，然後選擇要查詢的資料集。無論是哪種方式都會將我們帶到查詢頁面，並出現如圖 12.2 所示的查詢表格。

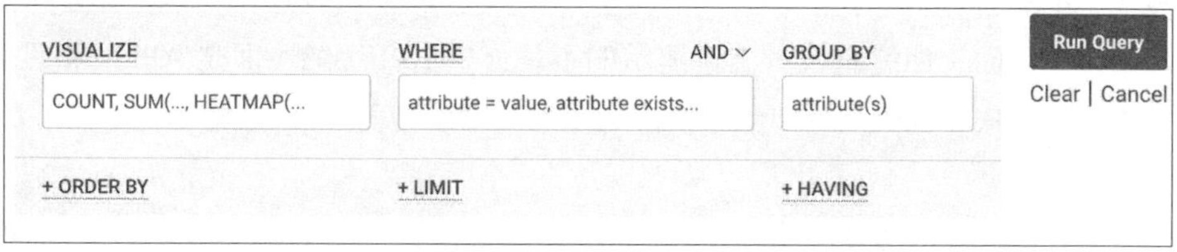

圖 12.2 Homeycomb 查詢工具的截圖，我們可以用它來查詢事件

我們可以使用這個查詢工具來建立事件查詢。例如，假設我們想要一個特定時間範圍內每個狀態碼的數量，我們可以執行以下查詢：

- Visualize：`COUNT`
- Group by：`response.status_code`

如圖 12.3 所示，點擊「Run Query」將呈現兩小時內被送回的每個回應狀態碼的數量。

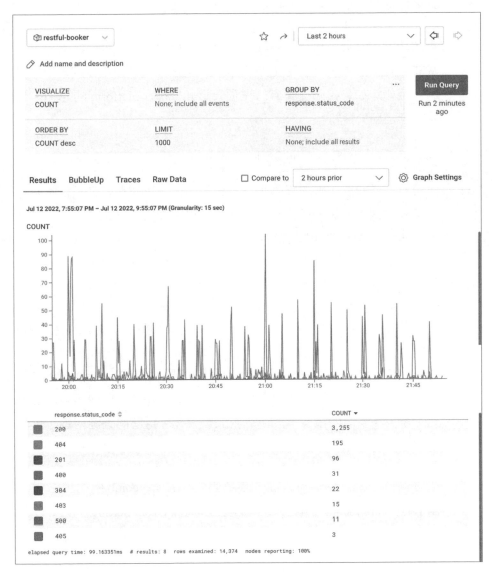

圖 12.3　計算過去兩小時內所有 HTTP 回應狀態碼之後的查詢結果截圖

這個例子簡單示範了如何在 Honeycomb 內建立查詢，但如果我們退一步到一個空的查詢表格，並點擊「Visualize」，我們會看到有一系列不同的方法能用來理解我們的事件，包括平均、百分比和熱圖。

查詢功能的範圍既可以是詛咒，也可以是祝福。我們可用的選項很多，這就意味著有很多方法可以為 SLO 建立查詢，所以我們需要仔細思考如何設計查詢。例如，如果我們提醒自己注意 restful-booker-platform 的 SLO，我們要確保指標是用於提醒：

在 24 小時內，restful-booker-platform 的可用性將達到 99%。

使用目前計算狀態碼的查詢是行不通的，因為我們會忽略錯誤狀態碼和成功狀態碼之間的關係，這些狀態碼構成了可用性的百分比。因此，我們可以建立一個觸發器，每當錯誤狀態碼計數超過某個數字，比如 100，它就會觸發。但是這 100 個錯誤狀態碼，可能有 10,000 個成功狀態碼，這意味著實際上的可用性仍然在 99% 以上，而我們的時間就會被浪費在試圖解決一個不存在的問題。如果我們不以正確的方式設計查詢，就會受到偽陽性的影響，這和受到偽陰性的影響是一樣的。

考慮到這一點，讓我們看看如何為我們的觸發器建立一個更強大的查詢。Honeycomb 預設並沒有提供現成的方法來查詢特定時間內錯誤狀態碼的百分比（至少免費版的沒有），所以我們需要建立自己的查詢函數，也就是所謂的衍生資料（derived column）。

在討論什麼是衍生資料之前，讓我們先在 Honeycomb 中找到它們。點擊左側選單的 Datasets，然後點擊我們建立的資料集的 Setting 按鈕。一旦進入資料集設定頁面，點擊 Schema 分頁，載入 Derived Columns 部分。最後，點擊 Add new Derived Column 來打開編輯器。

衍生資料提供了我們建立運算式的能力，這些運算式將以我們想要的方式處理事件資料，然後允許我們根據運算式的輸出來查詢資料。例如，我們需要

知道在一個時間範圍內,所有的狀態碼都是錯誤狀態碼的百分比,因此我們在 Function 中新增以下內容:

```
IF( GTE( $response.statuscode, 500), 1, 0)
```

並在 Column alias 內命名該函數為 `http_error_rate`。我們已經建立了一個衍生資料,當在查詢中使用時,它將做以下事情:

1. 檢查每個事件的回應狀態碼。

2. 判斷狀態碼是否大於或等於 500,如果是則回傳 1,如果不是則回傳 0。

這個函數給我們的只不過是一個有關錯誤狀態碼的二進位分數,但是當我們把它結合到一個查詢中時,就可以用它來實現我們的目標。為此,我們儲存衍生資料並建立一個新的查詢,這次的查詢設置如下:

■ **VISUALIZE**:`AVG(http_error_rate)`

請注意,查詢中的 `http_error_rate` 與衍生資料的名稱是一樣的。我們要做的是計算出所有事件的狀態碼所產生的 1 和 0 的平均,最後得到一個介於 1 和 0 之間的平均值。如果是 0 則表示都沒有錯誤狀態碼;如果是 1 則表示所有的回應都是錯誤狀態碼。平均值可能落在 1 和 0 之間,這就給了我們一個指標,讓我們能以此來建立觸發器。

12.2.4 建立 SLO 觸發器

現在我們已經有了查詢和衍生資料,建立觸發器本身就相對簡單。首先點擊選單中的 Triggers,然後選擇 New Trigger。接著你需要從你擁有的資料集中,選擇想建立觸發器的資料集。一旦我們選擇了一個資料集,就需要輸入以下細節來建立觸發器:

■ Name(名稱)—如果我們打算建立多個查詢。使用簡單、明確的名稱即可。例如,`Error Rate >= 1%`。

- Description（描述）—Honeycomb 支援有多個帳號的團隊，所以需要養成一個良好的習慣：詳細撰寫警報的內容，以提供他人閱讀。

- State（狀態）—我們希望它能設置為啟用（Enabled），但如果暫時不需要，可以用它來關閉一個觸發器。

- Query（查詢）—在這裡我們新增 `AVG(http_error_rate)` 的查詢。

- Threshold（臨界值）—臨界值會決定是否需要向團隊發送警報，以便告訴我們沒有達成 SLO。我們的 SLO 有提到希望可用性達到 99%，所以我們應該設置一個 `>=0.01` 的臨界值。臨界值越高，我們的可用性數值就會被降低。

- Recipients（收件者）—警報要通知的人。可以透過電子郵件或整合 Slack 等工具來發送通知。現在我們先新增電子郵件地址來幫助測試該觸發器。

新增了這些細節後，我們就可以儲存觸發器，它將開始對事件資料定時進行查詢和分析，如果錯誤率超過所有回應的 0.01%，將會觸發警報並發送電子郵件（我們可以點擊 Test 來測試）。現在有了必要的反饋迴路，觸發器就會對可能影響我們達成 SLO 和 SLA 的事件、程式碼修改與部署等做出反應。

12.3 在正式環境中進行更深入的測試

我們使用的工具幫助我們獲得洞察力，了解使用者在特定時間內在正式環境系統上所經歷的情況。這種洞察力可以幫助我們衡量目標是否達成，並且可以進而衡量產品的品質。這將為測試策略提供很多價值，但在使用這種測試方法時，我們仍然可以利用其他更多的優勢。有了像 Honeycomb 這樣的工具，我們從系統中獲得了大量的反饋，可以用來結合其他測試活動以了解產品與終端使用者。讓我們大致看看其中的幾個選項。

12.3.1 使用模擬使用者（synthetic user）進行測試

使用像 Honeycomb 這種工具的好處之一，就是它收集的事件可以來自真實的終端使用者，也可以來自模擬使用者。模擬使用者是指在正式環境中模擬真實使用者如何與產品互動的行為。這將由團隊的成員來完成，或者更常見的做法是，使用自動化工具與系統互動。

例如，對於 room Honeycomb/API 設置，我們可以使用自動化來進行一系列的 API 呼叫，複製建立房間的使用者流程，然後更新其細節。如果我們在 Honeycomb 接收事件時針對正式環境執行這個自動化，我們可以觀察是否有任何警報被觸發，這可能說明我們的正式環境系統有問題，可能導致我們無法達成 SLO。我們的模擬使用者可以用來幫助排除意外問題，增加我們對正式環境系統達到預期水準運作的信心。

模擬使用者與煙霧測試（smoke tests）的比較

另一種仕正式環境中使用的測試技術是煙霧測試。它是測試系統中最常使用的流程，用來確保產品執行上的高水準。雖然煙霧測試和模擬使用者的操作很類似，即使用工具來模擬「快樂路徑」（happy path）的行為，但這兩種方法的意圖是不同的。

對我來說，煙霧測試是關注整合風險。煙霧測試背後的意圖是把煙導到 pipeline 中，看煙從哪裡出來，以便找出差距或漏洞。在對正式環境系統進行煙霧測試時，也適用同樣的原則。其目標是對系統的每個部分進行一次演練，以確保每個部分都能正確執行並相互整合。這與使用模擬使用者不同，後者主要是以模擬方式產生事件，以檢查我們是否滿足 SLO。

正如我們之前所討論的，我們的環境是決定是否可以利用這個活動的關鍵。為了幫助更好地理解技術是否可行，以下提供幾點考量：

- **你能讓測試不被真正的使用者發現嗎？** 儘管在正式環境進行測試並不是不能接受，但我們確實想確保測試行為不會影響到其他人。例如，我們不希望測試頁面上出現不相關的股票內容，也不希望真正的使用者發現他們的活動被測試阻擋而感到沮喪（試想你正在預訂某個特定日期的最後一個房間）。為了避免這種情況，我們需要控制正在測試的內容，其中的關鍵是指控制我們正在互動的資料。如果我們不能輕鬆地設置和刪除資料，或以乾淨的方式操縱對資訊的存取，那麼使用模擬使用者就會變得非常困難。

■ **你能確保測試資料不會影響資安嗎？** 在實際環境中執行工作可能意味著我們必須遵守更嚴格的安全控制。我們也不想進行可能會損害或洩漏真實使用者資料的測試，例如，我們要複製的管理員，它有可能會洩漏敏感的個人資料。此外，可能也會有基礎設施的安全問題，使我們不能像測試環境那樣存取正式環境。所有這些考慮都可能影響我們是否可以使用模擬使用者。

■ **你能分辨出測試事件和真實使用者事件嗎？** 最後要考慮的是我們是否有能力將測試事件與真實使用者事件分開。像 Honeycomb 這樣的工具可以過濾事件中的各種屬性。例如，如果我們可以過濾使用者代理，就可以為模擬使用者使用一個假的使用者代理，幫助我們把他們從真實的使用者事件中過濾出來。這可以幫助我們診斷問題和分析結果，因為我們不希望測試事件對 A/B 測試等活動產生偏差，我們接下來就會了解到這一點。

這些考量表明了使用模擬使用者需要有一定程度的規劃。它不像將現有的自動化系統指向正式環境，或像我們打開 Honeycomb 這種工具時來進行其他測試活動那樣簡單明瞭。

這種方法的折衷辦法是，我們的模擬使用者將基於對使用者行為的假設。他們不會給我們 100% 準確的指示來告訴我們真實的終端使用者將如何與產品互動。我們必須不斷考慮如何搭配追蹤真實使用者的事件，以擴大我們得到的反饋。

12.3.2　測試假設

對照 SLO 來檢查事件資料時，我們要確定產品的指標是否符合我們和客戶的
期望。然而，從收集的歷史資料中還可以學到很多東西。如果操作得當，事
件資料也可以被分析，幫助我們了解更多關於使用者的行為和對我們產品及
其價值的態度。但是，我們要分析什麼？我們希望能學到什麼？為了回答這
些問題以及更多的問題，我們需要先規劃出想要的明確假設，然後再設置一
個實驗，使用 A/B 測試等技術來測試假設，這將有助於比較與對照不同的使
用者根據我們提供的功能的行為。

為了協助說明，假設作為一個團隊，我們想研究使用者對一個新功能的反
應，即 GET /room/ 端點開始用分頁顯示房間清單，而不是全部顯示在同一
個頁面。我們可以使用 A/B 測試，對使用者分群，然後分別展示不同的功
能；例如，50% 的使用者會看到分頁功能（A 組），50% 的使用者則沒有（B
組）。然後設定一段時間，結束後我們分析從這兩組得到的相關事件資訊，
以確定流量是否因為功能而增加或減少，使用者是否發出可能導致錯誤的意
外請求等。其目的是更深入了解我們在提升產品品質上所做的假設，使用者
真實的互動與感受。如果新功能被否定，就知道我們的想法需要改變。

Homeycomb 可以使用 A/B 測試來幫助我們更了解使用者。但與我們探索的其
他活動一樣，它們需要前期的規劃才能成功。下面是實施 A/B 測試和測量結
果的一些注意事項。

- **規劃**—儘管我們永遠無法成功預測 A/B 測試的結果，但對什麼是成功、
  什麼是不成功有一個清晰的概念是很重要的。在進行不同的迭代之前，
  花時間確定想要學習的東西是至關重要的。如果不這樣做就會面臨模糊
  與分歧。

- **設置**—像 A/B 測試這樣的技術需要進行開發工作，以便產品能夠根據使
  用者存取情況配置成不同的狀態。有許多 A/B 測試工具可以幫助進行這
  種活動，但它們需要經驗和時間來設置。

簡單來說，為了成功地進行 A/B 測試，我們需要清楚定義假設是什麼，以及我們計劃如何測試這個假設，然後執行測試。如果每一步都考慮得很仔細，那麼收到的資訊將提供大量的資訊，這是其他測試活動可能無法容易提供的。

在這一章的開頭，我們提到了 Eric Ries 的著作《精益創業》，該書解釋了企業要想成功，必須了解客戶對品質的看法，如果不能做到這一點，就會造成浪費和失敗的可能，這個想法與我們的測試目標緊密相連。我們的測試專注於幫助團隊提供高品質的產品。這就是為什麼在正式環境的測試如果做得好，可以使我們獲得對客戶或使用者需求的洞察力，比本書前面探討的其他活動都更加清晰。但是我要說清楚，這並不代表我們所學到的其他東西都因為正式環境的測試而變得多餘。但作為整體策略的一環，正式環境的測試提供了一種測試視角，而它也更加關注系統和使用者之間的真實互動。

12.4　用正式環境的測試來擴展你的策略

在本書中，我們已經探討了廣泛的測試活動，而它們的共通點是側重於在新功能或產品上線之前發現資訊。我們這樣做是為了對所打造的事物建立完善的理解，這又有助於增加我們對所交付的東西的信心。但是，如果這種信心是錯的呢？在策略的想像部分，如果我們誤解了使用者的需求怎麼辦？在實作方面，如果一個盲點導致我們錯過了產品中的重要風險怎麼辦？當我們最終要向使用者展示我們的工作時就有可能大失所望。

解決這個難題的關鍵不是進行更多的測試，而是接受有時我們進行的是浪費的測試——最好的情況是提供很少的價值，最壞的情況是給予我們錯誤的自信。我們曾討論過，我們不可能進行所有的測試，其後果是潛在的浪費。這是在所難免的，所以接受這種情況會發生，我們可以開始制定一個策略來處理測試「走偏」的時候。

這就是為什麼在正式環境中的測試可以使我們同時學到想像與實作，如圖 12.4 所示。

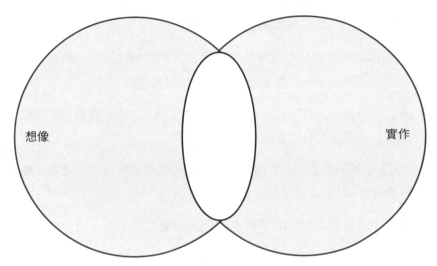

想像　　　　　　　　　　　　　　　　　　　實作

圖 12.4　一個測試策略模型，顯示了在正式環境測試是如何告知我們應用程式在現實生活中如何工作（實作），以及使用者如何與應用程式互動（想像）

善用在正式環境中的測試，我們可以做到以下幾點：

- **觀察使用者如何與產品互動，提高我們對想像的理解**—例如，如果一個新功能很難用或根本不需要，我們可以觀察指標顯示的使用情況。

- **觀察產品在使用過程中可能出現的任何問題，來提高我們對實作的理解**—例如，如果在發布後出現了更多的延遲，我們可能需要花時間來發掘導致速度變慢的原因。

基本上，在正式環境中進行測試就會讓一切無所遁形，這也是團隊不敢將其視為一種測試方法來實作的原因。但是，多加了解產品真正的使用情況，可以讓我們清楚知道使用者看待產品的態度以及產品在現實中生活的真正行為，所有這些都可以幫助我們提升品質。

總結

- 正式環境的測試重點在於觀察使用者如何與系統互動，以及我們的系統如何表現，以幫助我們更了解使用者。

- 正式環境中的測試可以幫助我們發現在其他測試活動中所遺漏的問題，我們可以解決這些問題並反思，以改進其他測試方法。

- 我們可以使用 SRE 的技術，測量系統行為並用來比較期望的層級，以幫助我們追蹤要交付的產品是否品質良好。

- 我們透過使用服務水準協議（SLA）、服務水準目標（SLO）和服務水準指標（SLI）來確定要衡量的內容。

- 服務水準目標用於設定系統應達到的具體行為水準，而這些行為是由團隊設定的。

- 服務水準協議與服務水準目標相似，它們都設定了期望的水準，但協議會涉及到罰款，通常是由企業決定。

- 服務水準指標是用來衡量我們是否有在特定的時間範圍內達到服務水準目標。它們還可以幫助我們確定需要哪些工具來量測系統。

- 我們可以很容易地將 Honeycomb 這類的工具整合到 API 中，並開始追蹤事件資料。

- 在 Honeycomb 中建立查詢以分析資料、建立觸發器，能在沒有達成 SLO 時通知我們。

- 正式環境的測試工具可以讓我們嘗試其他測試活動，例如模擬使用者和 A/B 測試。

附錄
安裝 API 沙盒平台

設定 restful-booker-platform

為了幫助你在本書中學習，我們將使用 restful-booker-platform 這個 API 沙盒平台來嘗試不同的測試活動。restful-booker-platform 是一個 Web API 平台，它被設計成一個教學輔助工具，幫助我們探索和學習 Java 與 JavaScript 的測試。原始程式碼可以在 http://mng.bz/AVWp 找到。要安裝 restful-booker-platform，你需要以下的環境設定：

- Java SDK

- Maven

- NodeJS LTS

每個具體版本可以在 README 檔案中找到。它們會定期更新。

為什麼我需要 NodeJS？

這個平台使用了 JavaScript 的元件來打造 restful-booker-platform 的使用者介面。這一部分在本書中不會多做討論（因為我們關注的是產品的 Web API 方面），但要讓應用程式啟動與執行，不能沒有它。

要在本地端建構應用程式，你只需要在 Linux 或 Mac 執行 `bash build_locally.sh`，或在 Windows 用 `build_locally.cmd` 來建構 restful-booker-platform 並使其運作。第一次執行時可能需要花費一些時間，因為它要下載相關的依賴項目，但往後的執行會快很多。一旦應用程式建構完成，就可以透過 http://localhost:8080 來存取。要再次啟用時，可以使用 Linux 或 Mac 的 `bash run_locally.sh` 或 Windows 的 `run_locally.cmd` 來再次啟動 restful-booker-platform。

另外，restful-booker-platform 也有公開版本，網址是 https://automationintesting.online。

Note

Note